基于虚拟现实技术下的环博会云展览应用构建研究

宋世伟　徐睿枫　孙　博　著

U0218297

天津大学出版社
TIANJIN UNIVERSITY PRESS

内 容 提 要

近年来,随着虚拟现实等互联网技术的不断发展,我国会展行业不断迭代升级,衍生出"线上+线下"融合的新型展览模式。各行各业都开始尝试将传统现场展会"搬到"线上,"云展览"的商业模式已经成型,虚拟展会已经成为未来会展业发展的必由之路。但中国环保行业相关博览会在"云展览"的转型升级上还在尝试阶段,亟待业内人士对其进行深入研究和实践,打造品牌化环博会云展览。

本书就环博会云展览所基于的技术进行理论阐述和仔细研究,以我国环保行业相关博览会的办展模式为参考,对环博会云展览进行分析和构想,对环博会云展览的发展前景进行展望。

图书在版编目(CIP)数据

基于虚拟现实技术下的环博会云展览应用构建研究 /
宋世伟, 徐睿枫, 孙博著. -- 天津 : 天津大学出版社,
2023.8
ISBN 978-7-5618-7553-7

Ⅰ. ①基… Ⅱ. ①宋… ②徐… ③孙… Ⅲ. ①虚拟现
实－应用－环境保护－博览会－研究 Ⅳ. ①X-28

中国国家版本馆CIP数据核字(2023)第134885号

出版发行	天津大学出版社
地 址	天津市卫津路92号天津大学内（邮编:300072）
电 话	发行部:022-27403647
网 址	www.tjupress.com.cn
印 刷	北京盛通商印快线网络科技有限公司
经 销	全国各地新华书店
开 本	787mm×1092mm 1/16
印 张	7.875
字 数	197千
版 次	2023年8月第1版
印 次	2023年8月第1次
定 价	49.00元

本书编委会

主　编：宋世伟　徐睿枫　孙　博

副主编：赵　曦　李晓谦　王灏瀚

编　委：
石玉敏	靳　辉	刘文杰	于文莉	张思源
朱　玉	陈仲文	张　谦	刘简简	张一弛
刘超越	张　堃	王　勇	毕天龙	袁洋洋
尚丽娜	董勃杉	孙经纬	侯宪治	王禹程
王慧婷	徐影影	李　野	邵维宽	孙　振
王　阳	董柏松	王聪之	张丽萍	赵诗琪
刘陆陆	姜　曼	何雯雯	王博文	谷成国
王　卓	李芳玉	崔　鑫	李亚峰	赵丕东
张　颖				

前　言

随着网络技术和会展业的不断发展,虚拟会展应运而生。但目前环博会云展览还处于萌芽状态,在数量和质量上,无论与国内其他起步较早的行业相比,还是和国际先进水平相比,仍然有很大的差距。如何利用虚拟现实等技术构建环博会云展览是当今会展业和环保业发展的新需求。

本书以环博会云展览为主线,以环博会云展览应用技术和国内线下环博会办展模式为研究背景,对基于虚拟现实技术的环博会云展览的构建进行研究。本书主要从以下七个方面进行阐述。

第一章为绪论,包括本书的研究背景、国内外研究现状、研究内容和方法以及研究目的和意义。

第二章为 VR 技术概述,包括 VR 技术的发展史、分类、特性、应用以及其目前发展中存在的局限性。

第三章为 3D 开发技术基础,包括语言描述方式——HTML5、计算机语言——CSS、3D 绘图协议——WebGL 2.0 以及着色语言。

第四章为云计算技术基础,包括云计算的概念、发展历程、分类、服务应用、主要技术及应用。

第五章为环保云概述,包括环保云行业分析、市场分析、云环保与智慧环保的关系。

第六章为环博会云展览设计实现,结合全书提到的相关技术和国内外线上线下环博会办展模式,对环博会云展览的项目背景和概况、设计分析、技术手段、设计实现以及云端布置与构建进行阐述。

第七章为项目整体展望。

本书是由辽宁省环保集团有限责任公司宋世伟、辽宁省环保集团科源环境技术有限公司徐睿枫和孙博在结合多年教学经验和科研实践的基础上完成编写的。在本书的编写过程中,阅读并参考了大量国内外众多专家学者的相关著作和论文,在此谨向他们表示诚挚的谢意! 希望通过本书的一些浅薄之见,能对国内环博会云展览的发展有所助益。

由于编者水平有限,书中论证难免有不当或错误之处,敬请读者批评指正。

目　　录

第一章 绪论

第一节 研究背景

2019 年年底暴发新冠肺炎疫情,各类公共文化活动取消或者限制参加人数,使会展业受到了巨大冲击。这种形势也为会展业带来了新的机遇和挑战,人们需求的增长加速催生了"虚拟展会"——一种按照展览流线模拟呈现出整个展览的形式,包括 360 度虚拟全景展厅展览、3D 展品展示和 AI 智能介绍。"线上办展"打破了时空的界限,可以做到全天候展览,并将来自五湖四海的客源"无接触"地会聚一堂。

随着我国科技的不断进步,5G、3D 建模、VR-AR(虚拟现实-增强现实)、大数据等技术快速发展,为"虚拟展览"提供了技术层面的可行性。根据国际展览联盟发布的"UFI 全球展览行业晴雨表"中的数据显示,近六成展商在现有展览产品中增加了数字产品和服务。云展会或将为会展业的发展提供新的发展思路,"云展厅""云招商""云签约""云大数据"等也将成为会展业新发展的关键性名词。

2020 年 4 月 13 日,商务部印发的《关于创新展会服务模式培育展览业发展新动能有关工作的通知》中提到,加快推进展览业转型升级和创新发展,积极打造线上展会新平台,充分运用 5G、VR-AR 等技术。

2020 年 6 月 15 日,第 127 届中国进出口商品交易会(广交会)在线上举办。一夜之间将"线上展会""虚拟展会"这种原本作为辅助手段的会展模式推向了台前,让大家看到了会展业的另一种可能性。前有广交会牵手腾讯,后有上海国展联手阿里巴巴举办了糖酒会、农高会。中国国家博物馆推出了多项虚拟展览、40 余个虚拟展厅,全方位、立体化呈现中国国家博物馆的特色。"北京 2022 云展厅"在网页、App 和微信小程序上同步上线,上线两天访问量超 12 万人次,点击量 86 万次,"虚拟展会"已经成为会展业发展的必然趋势。

但到目前为止,我国"虚拟展会"仍处于初级阶段,将环博会与"虚拟展会"进行结合更是少之又少。目前国内环博会数量越来越多,形式也越来越多样,但大部分仍是线下的传统展会,即使近几年拓展出了"线下+线上"的新模式,但线上博览会基本上也仅仅是普通直播,缺乏将 VR 技术运用到线上环博会的实践经验。这正是我们对其进行深入研究的主要原因。

目前我国环博会云展览处于探索阶段,受到诸多因素的制约,其中最主要的就是缺乏新技术的支持。本书力求通过深入探讨和仔细研究 VR-AR、3D 开发、云计算等相关技术,构建一个基础理论知识成熟且可以落地实操的环博会云展览应用平台,促进环博会云展览的创新发展和推广普及。

环博会云展览的发展还需相关业内人士不断探讨和研究,建设国内一流甚至世界一流的环博会云展览品牌。

第二节　国内外研究现状

VR 是 20 世纪发展起来的新兴技术,但将 VR 运用到会展业却是近几年才开始的新尝试。在环博会中运用 VR 等新技术国内外尚无相关研究。

一、国外研究

国外在 VR 方面的研究和运用比国内要早一些,追溯国外一些较早的研究,发现虽然有一定的局限性,却已经具备了一定的指导意义和实用价值,国外研究主要涉及以下几个方面。

1. VR 展览理论研究

最早对"展览+VR"进行理论研究的机构主要来自欧美发达国家(希腊、英国、意大利、美国等)的文博单位、大学研究所与艺术机构。他们在博物馆 VR 萌芽阶段(2009 年前后)进行了大量的调查研究。其中研究水平较高的如下。

2009 年,斯特拉·赛拉琉娜(Stella Sylaioua)、卡特琳娜·玛莉亚(Katerina Maniab)、阿塞拉西斯·卡洛丽萨(Athanasis Karoulisa)、马丁·怀特(Martin White)发表的 *Exploring the relationship between presence and enjoyment in a virtual museum*(《探索虚拟博物馆:临场与享受》)介绍了一项可行性研究,目的是探讨参与者在虚拟博物馆展览中体验到的"临场感"、享受感与真实博物馆参观的关系。这个虚拟博物馆以英国伦敦维多利亚和阿尔伯特博物馆的现有画廊为基础。参观者在接触 VR 系统后,完成了严格制定的调查问卷。研究表明,以往在信息和通信技术(信通技术)方面的经验并不涉及感知到的 AR 对象的存在或虚拟遗产环境中的 VR 存在。AR 对象的存在与 VR 的存在呈正相关关系。因此,高水平的感知存在可能与满意度密切相关,这有助于参观者在与博物馆模拟系统互动时有被吸引的体验。

2009 年,锡莱欧·斯提利亚尼(Sylaiou Styliani)、莱奥卡皮斯·弗缇斯(Liarokapis Fotis)、科萨基斯·科斯达斯(Kotsakis Kostas)、帕特斯·皮特罗斯(Patias Petros)发表的 *Virtual museums, a survey and some issues for consideration*(《虚拟博物馆:一项调查和需要思考的问题》)对虚拟博物馆(VR 技术、AR 技术、网页 3D 技术)领域进行了考察,在探索现有各种虚拟博物馆的同时,探讨了 VR 的新旧展示方法以及开发工具的优点和局限性。

2010 年,马塞洛·卡罗齐诺(Marcello Carrozzino)和马西莫·贝加马斯科(Massimo Bergamasco)发表了 *Beyond virtual museums:Experiencing immersive virtual reality in real museums*(《远非虚拟博物馆:博物馆里体验沉浸式虚拟现实》)。此时博物馆 VR 技术并未普及开来。作者预见了该项技术的发展前景,从博物馆技术发展的 10 年经验出发,对 VR 技术及其在文化环境中的应用进行了深入调查,并基于 VR 在交互和沉浸方面的特点与文化遗产方面的应用提出了一个 VR 设备的分类方法。在此分类的基础上,为博物馆虚拟现实展示提供了一个参考工具,给出了与体验成本、可用性和质量有关的指标,并对一系列实例进行分析,指出其优缺点。最后总结了目前的博物馆 VR 状况和未来发展的可能性,并将阻止 VR 技术真正普及的主要问题列举出来,提出了将 VR 技术应用于虚拟博物馆的更广泛、更有效的建议。

2. VR 展览技术研究与实践

从 20 世纪 90 年代开始,互联网日益普及,虚拟会展随之开始在欧美地区迅速发展。1995 年 1 月,美国 IBM 公司推出世界上第一个商业性质的虚拟展览,欧美各国出现了诸如 Expopolis、Hannover Messe、Second Life 等承接虚拟会展的知名企业或平台,其所带来的经济和社会效益十分显著。2008 年金融危机后,欧美各国经济遭到巨大冲击,经济的不景气迫使许多企业不得不减少外出的商务活动以减少预算。加上气候变化和资源枯竭导致的新一轮环境保护运动正在全球范围内展开,出于成本约束和环保的考虑,越来越多企业选择使用电话会议、视频会议、在线研讨和共享软件等方式代替面对面的沟通,虚拟会展进入快速发展时期。

近年来,一些发达国家相继启动了虚拟图书馆计划,加拿大等国有很多著名的虚拟项目,如"魁北克项目计划"。欧盟也有类似的项目,其支持欧盟各国建立属于自己的虚拟博物馆,各个展馆之间能够进行虚拟资源共享。日本的"全球虚拟博物馆计划",不仅支持互联网上虚拟展品信息资源的共享,而且支持交互式的网络浏览。上述所有虚拟博物馆不仅包含资源丰富的展品数据库,而且利用文本、图片、音频、视频、动画以及游戏设计开发出了良好的人机交互接口,同时也开启了不同学科之间的交融以及不同性质企业之间的合作模式。欧洲虚拟博物馆也对公众开放,其同样采用了 VR 技术,并且整合了来自欧洲各国上百件文化作品,包括虚拟书籍、影像等资源文件。这对世界文化交流起到了重要的作用。为了追求更加完美的虚拟场景呈现效果,法国人将 VR 技术和图像绘制技术结合起来对展馆还有展品进行了还原,图像绘制技术为 VR 系统提供了更加可靠、真实、快捷的虚拟场景构建方案。基于此技术,法国卢浮宫虚拟博物馆建成,其独特的观展模式以及丰富的展品资源吸引了许多游览者,使游览者能够在馆内选择展示区域来感受展馆的虚拟体验。在此技术之后,人们又寻求新的技术方法,Flotynski J. 提出了人机交互式三维网络平台展示的方法。采用 Flex VR 方法构造了三维物体模型,并且扩展了三维物体的展示平台,使交互式三维展品演示可以生成不同的格式,三维展品内容展示可以在不同平台上进行。近几年谷歌推出了维米尔虚拟博物馆,它的真正创举在于采用了 VR 和 AR 加载超高清图片,这是对 Walczak K. 提出的技术的深入研究。通过下载谷歌 Arts and Culture 这款 App 进行体验,《戴珍珠耳环的少女》的细节清晰到让人感觉仿佛置身博物馆中,包括谷歌在内,网络上已经存在许多提供在线观看艺术品服务的网站。可下载到海量艺术品的高清图片,支持用户通过虚拟展厅观看展品,近年推出的 Universal Museum of Art 网站也在结合 VR 技术打造虚拟博物馆。

在国外还有很多类型的网上虚拟展馆,如博物馆、艺术馆等,借用互联网为游览者提供信息、传播知识,并创造一个沉浸式的游览环境。目前国外的网上虚拟博物馆研究技术已经达到了一定高度,尤其是在技术层面上,人机交互、动作捕捉等技术已进行了一个瓶颈期,因此尽快实现技术上的突破成是前虚拟博物馆亟须解决的问题。

二、国内研究

国内研究虽然较欧美研究机构在研究时间上具有较大滞后,但是时间延迟带来的硬件发展和大环境的改变使得理论和技术研究更为完善。

1. VR 展览理论研究

早期的研究方向集中在可行性研究上,如邬燕(2006)主要从主办方、参展企业、参观者三个方面来分析。对主办方来说,虚拟会展除了具有成本低、效率高、展出空间无限、规模不受场地限制、时间长、观众多、反馈及时等特点,还可以加强会展本身的形象、产品和服务宣传,更好地整合各种资源,实现资源共享。在没有条件举办实体会展的情况下,可以先办虚拟会展,激发市场潜在需求。从参展企业角度来看,其可以事先了解目标观众和目标市场,提高目标观众的比例,扩大企业影响,便于跟踪联系,方便企业展示产品等优点。从参观者角度来看,他们不被各种因素限制,好奇心得到满足,可以自主、有序地参观和了解会展,参展企业及其产品,提高了效率和企业的经济效益。刘祖斌(2007)还指出了虚拟会展可解决消费者之间的信息不对称问题,有展后增值服务的优势。

2016 年可以说是"展览+VR"的发展元年。在此前后,吕屏、杨鹏飞、李旭《基于 VR 技术的虚拟博物馆交互设计》,翟永齐《博物馆展厅设计中交互体验式设计应用研究》,祁雅楠《浅析 VR 互动技术在博物馆中的应用》,李传辉《浅析数字博物馆中 VR 技术的应用》,程度《虚拟现实(VR)技术的发展及其在博物馆中的应用》等论文都被认为是具有代表性的博物馆 VR 展示理论研究文章。这类文章主要研究博物馆 VR 展示内容的具体开发方式与技术流程,内容具有较高专业性。

2. VR 展览技术研究与实践

目前 VR 开发环境已经相对成熟,开发应用也能更好地发挥硬件性能,因此制作门槛不断降低。许多博物馆技术开发者开始研究博物馆 VR 展示的内容制作。与一般商用 VR 开发不同,博物馆 VR 展示开发不是为了迎合消费市场,因此制作时间较为宽裕,开发也主要偏向于辅助展示文物以及复原场景,用不同的软硬件搭配开发出最适合展览的 VR 内容。博物馆 VR 展示的开发除了由博物馆的技术人员操作以外,还可以由合作的技术公司进行外包制作,因此本书不探讨现阶段技术手段方面的内容,只对国内的一些先进开发技术进行大致介绍。涉及博物馆 VR 技术手段的文章有潘志鹏《博物馆 VR 项目的技术实现》(2017),李婷婷、王相海《基于 AR-VR 混合技术的博物馆展览互动应用研究》(2017),何琳《基于 VR 的生态博物馆虚拟展示平台设计初探》(2012),李昀桐、张宇飞、赵庆、宓胜杰《基于 VR 系统开发的航天博物馆太空体验环境设计》(2017)。

我国虚拟会展起步较晚,与欧美相比发展比较滞后,这具体表现在以下方面。一是观念落后,虚拟会展的应用不普遍。大部分会展企业仅仅把虚拟会展看作简单的网站建设,据有关市场调查显示,目前国内 2 000 多个会展中有主题网站并能提供基本业务和服务功能的只占 15%,而且应用层面操作复杂。二是技术手段落后、专业性差、应用操作复杂,就网站内容、产品展示效果、平台服务和功能而言,远远不能满足参展企业的需求,而多达 50% 以上的展览会只有几页简单的静态页面或根本就没有网站。三是运营模式单一。目前,国内的虚拟会展主要由传统会展业同互联网技术(Internet Technology,IT)公司进行项目合作搭建网上会展平台实现,比较成功的运作模式如广交会、世界虚拟展会、网上世博会、微软虚拟展等,但是这些虚拟会展地域性很强,并不具备在其他地区发展的可复制性。

　　综上,可以看到国内在博物馆 VR 展示研究领域,尤其是理论研究与技术开发方面,已经具有了一定水准。但是,在博物馆 VR 展示的实践工作指导和系统化构建领域还缺乏一定的挖掘力度,这也是博物馆 VR 展示研究需要深入探索的核心内容。

第三节　研究内容和方法

一、研究内容

　　本书以环博会云展览为主线,以环博会云展览应用技术和国内线下环博会办展模式为研究背景,对基于虚拟现实技术的环博会云展览的构建进行研究。本书主要从以下七个方面进行阐述。

　　第一章为绪论,包括本书的研究背景、国内外研究现状、研究内容和方法以及研究目的和意义。

　　第二章为 VR 技术概述,包括 VR 技术的发展史、分类、特性、应用以及其目前发展中存在的局限性。

　　第三章为 3D 开发技术基础,包括语言描述方式——HTML5、计算机语言——CSS、3D绘图协议——WebGL 2.0 以及着色语言。

　　第四章为云计算技术基础,包括云计算的概念、发展历程、分类、服务应用、主要技术及应用。

　　第五章为环保云概述,包括环保云行业分析、市场分析、云环保与智慧环保的关系。

　　第六章为环博会云展览设计实现,结合全书提到的相关技术和国内外线上线下环博会办展模式,对环博会云展览的项目背景和概况、设计分析、技术手段、设计实现以及云端布置与构建进行阐述。

　　第七章为项目整体展望。

二、研究方法

1. 文献研究法

　　笔者通过查阅众多文献,总结出云展览的发展情况以及学者们目前对于线上虚拟展会在内容形式活动方面的研究成果,也收集了学者们对于虚拟展会商业模式的探讨成果。这些成果为本次研究提供了丰富的理论基础。

2. 案例分析法

　　笔者在书中结合多个案例,如中国国家博物馆、广交会、IE expo 中国环博会等较好地运用了“虚拟展览”,以其为依托,通过对其程序运用、内容配置、影响效力等方面进行具体分析,讨论得出展览模式的优势与不足之处,并通过对这些不足之处进行抽象概括,总结出其一般性问题,进而有针对性地提出解决措施。

3. 对比分析法

笔者在本书中为进一步探究基于虚拟现实技术下的环博会云展览应用的构建,将其和传统的现场展会进行纵向对比研究,从而得出其相较于传统展会方式所具备的特点,进而结合这些特点,为推动其进一步发展完善助力。此外,各种专题环博会展览所具备的特点也是各不相同的,因此本书对这些不同的专题博览会进行横向比较研究,从而对其各自具备的特点进行有针对性的研究。

4. 实践论证法

基于"虚拟展览"的实现方式进行创作实践,使用 VR 扫描还原等技术来验证研究理论中的效果。同时对实践中出现的问题进行进一步的研究分析,找到完整有效的解决方法,从而进一步完善理论。

5. 图表法

图表是论文中数据与概念说明的辅助表达形式。引用政策原文、权威机构的调查数据能更有力地支撑论点,并为论点提供有力依据。

第四节　研究目的和意义

一、研究目的

用云展会、虚拟展会、VR 展览、线上博览会、虚拟现实环博五个关键词在知网中进行检索,相关论文共有 83 篇,关于"虚拟展会"展览的论文共有 15 篇,关于环博会云展览的论文为 0。由此可见,目前会展业、环保行业和科技界对基于虚拟现实技术下环博会云展览的相关研究处于起步阶段,大部分研究集中在"博物馆云展览"。本书以基于虚拟现实技术下环博会云展览的构建为视角,对云展览所用到的新技术进行研究,研究目的在于构建一个基础理论知识夯实并能较为有效落地实操的基于虚拟现实技术下的环博会云展览系统。具体来说,主要有以下研究目的。

(1)通过研究基于虚拟现实技术下的环博会云展览所用到的相关技术,来分析环博会云展览的可行性。

(2)通过分析环博会云展览相关技术的实现方法和优缺点,来构建一套行之有效的环博会云展览系统,对目前国内环博会云展览有一定的参考意义,助力环博会云展览的发展和普及。

(3)通过对目前国内现场环博会实物展馆、展厅、展台的研究,发挥其对线上虚拟展会构建的示范作用,从而让基于虚拟现实技术下的环博会云展览更具可落地性。

二、研究意义

尽管"虚拟展览"的概念已然被有关学者提出,但目前,对于虚拟展览的研究相对来说还是比较少的,对于环博会云展览的研究甚至几乎是空白的。本书研究的意义在于丰富"虚拟展览"理论的发展,对虚拟展会相关技术进行深入研究和梳理,结合环博会和云展览当下的发展情况,对比已有的类似虚拟展会,有针对性地探讨解决方案和措施,从而为环博会探索新的道路和方式。希望能够通过本研究提供一套较为完整的环博会云展览构建方法,为环博会云展览的发展提供一个新的思路。

第二章 VR 技术概述

第一节 VR 技术的发展史

一、VR 技术的概念

VR 技术是 Virtual Reality 的缩写,翻译为中文是虚拟现实。在正式命名为虚拟技术之前,曾被命名为"灵境技术"。虚拟现实技术是多种技术融合发展所形成的一种新型的多媒体技术应用。虚拟现实技术的诞生离不开计算机科学技术、机器人技术、传感器技术、人工智能技术以及人类行为心理学技术的支持。而且随着现代数据信息技术的不断发展与细分,虚拟技术在实际应用中开始更多地涉及如三维动态图形显示、三维定位与跟踪、触觉传感技术、高速运行计算技术以及人体行为学等。

随着科技的不断发展,现阶段 VR 技术已趋成熟,通过 VR 眼镜、VR 头盔等可穿戴设备即可让人们置身于模拟现实的三维立体空间中,通过设备的特定属性,给予用户视觉、听觉、触觉的综合式感官体验,模拟出真实的环境与人类之间所进行的各种信息交互,为人们提供了一种没有时间和地域限制的沉浸式体验。

二、VR 技术的发展历程

VR 技术的诞生与发展,按照技术的不断更新迭代与时间的推移,大致可分为以下五个阶段。

1. 第一阶段

此阶段是 VR 技术萌芽期。VR 技术第一次被提及是在一部小说中。1935 年小说家斯坦利·温鲍姆(Stanley Weinbaum)在其所著的科幻小说(译名为《皮格马利翁的眼镜》)中构想出一款眼镜,在小说中阿尔伯特·路德维希教授发明了这款眼镜,并且在人们戴上这款眼镜之后就可以通过视觉、嗅觉、味觉、触觉等方面去感知一个充满气味、味道和触感的陌生世界。此书中所展示的是人们对当时现实情况的梦境、幻象和自我催眠。而现在返回头再去看时,才发现这部科幻小说竟是虚拟现实技术的第一次文字记录和首次提及。

1956 年,第一台具有现实意义的 VR 机器诞生,此机器称为 Sensorama 模拟器,是由电影制片人莫顿·海利格(Morton Heilig)发明创造的。作为一名电影制片人和摄影师,为了将影片的真实体验感进一步提升,他成功设计发明并制造出 Sensorama。Sensorama 是一台拥有 3D 图像显示、立体声播放,同时伴有身体倾斜和振动,还能模拟出香气或者风声等环境效应展现的机器。很可惜的是,Sensorama 因制造成本太过高昂,且发明设计远超人们的认知,在当时没能获得资本和商业的支持,最终导致失败,但其在 VR 技术方面的尝试和现实意义却是值得被铭记的。

图 2-1　Sensorama 设计图与广告

在 Sensorama 之后,莫顿·海利格(Morton Heilig)于 1960 年还发明了一款称为 Telesphere Mask 的便携式头戴设备,其功能描述为"个人使用的立体电视设备",不过 Telesphere Mask 也难逃失败的命运。在实现虚拟现实的道路上不仅仅有莫顿·海利格(Morton Heilig)设计的各种设备,也有于 1961 年发布的用于军事方向的 Headsight 头戴式设备,还有威利·海金博塞姆(William Higinbotham)做出的实际意义上的第一款电子模拟游戏"Tennis for 2"。这款游戏可以通过示波器模拟出现实网球的运动轨迹。这些创新的尝试都为虚拟现实技术的真正实现提供了基础的思想理论。

2. 第二阶段

此阶段是虚拟现实技术的初现阶段。1965 年,伊凡·苏泽兰(Ivan Sutherland)在其一个头盔显示器(Head-Mounted Display, HMD)图像源技术研究项目中,通过把 HMD 与装载有计算机程序的立体显示器相连接,从而实现了 3D 效果。当用户戴上头盔设备时,可以随着自身头部的移动而看到相对应视角下的虚拟形状的变化情况。伊凡·苏泽兰(Ivan Sutherland)更是基于此发表了震惊世界的论文《终极显示》(*The Ultimate Display*),这篇论文中明确地提出了虚拟世界的概念主要如下。

(1)A virtual world viewed through a HMD and appeared realistic through augmented 3D sound and tactile feedback.(虚拟世界可以通过便携化的移动设备、3D、声音和多种感觉反馈系统进行拓展和探究。)

(2)Computer hardware to create the virtual word and maintain it in real time.(虚拟世界可以依靠计算机设备来创建。)

(3)The ability users to interact with objects in the virtual world in a realistic way.(虚拟世界中的对象可以与用户用现实世界的方式进行交互。)

伊凡·苏泽兰(Ivan Sutherland)以此概念的提出为 VR 技术的后续发展和实现奠定了核

心思想,也提出了 VR 技术下虚拟现实的可能性,更是 VR 技术发展史上一个重要的里程碑。因此,伊凡·苏泽兰(Ivan Sutherland)被称为 VR 虚拟之父。

1968 年,伊凡·苏泽兰(Ivan Sutherland)和他的学生鲍勃·斯普劳尔(Bob Sproull)根据之前所开辟出的 VR 技术的理论,制作出第一套原型机。这套原型机有一个独特的名字:达摩克利斯之剑(Sword of Damocles)。

这个名字的设计灵感源自这套设备的外形。作为真正意义上的第一台 VR 技术头戴式显示器,它因当时技术的限制就只能悬挂在天花板上才能使用。在整体设计中, VR 头戴式显示器需要连接到计算机上才能使用,并需要庞大的辅助设备,因此"达摩克利斯之剑"只能存在于实验室中,未能获得真正的应用。但是,这台 VR 技术头戴显示器第一次成功地将一个立方体悬浮展示在用户眼前,这对于尚处于技术初现阶段的 VR 技术来说,可以称得上奇迹般的创举了。

图 2-2　达摩克利斯之剑

3. 第三个阶段

此阶段是 VR 技术理论和概念的形成时期,在此阶段中, VR 技术进一步发展,尤其是 VR 技术的可穿戴设备,逐渐丰富起来。

在 1975 年作为 VR 技术研究人员的计算机艺术家迈伦·克鲁格(Myron Kreuger)设计出 VIDEOPLACE 系统。

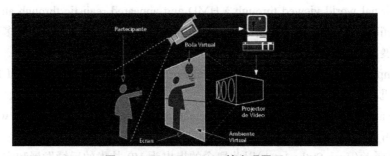

图 2-3　VIDEOPLACE 的实现原理

此系统可以产生一个虚拟图形环境,用户可以利用自己的影子在此虚拟的环境中进行互动,并且可以改变影子的相关属性,如大小、颜色等。

1985 年,美国教授斯科特·费舍尔(Scott Fisher)为了让宇航员更加方便地控制空间站以外机器人的操作,而设计开发出虚拟接口环境工作站(Virtual Interface Envionment Workstation, VIEW)系统,系统不仅有头戴式虚拟显示器,还配备有安装了光学器件的仪器手套来控制机器人的工作手臂。

1986 年,汤姆·弗内斯(Tom Furness)将 VR 技术的设备进一步丰富化和集成化。被他称为魔术系统的"超级驾驶舱"系统由 VR 技术头戴式设备、飞行服、数据传输式手套组成,可以实现语音控制、眼动控制、虚拟手部控制等功能,较为真实地模拟出空军飞行员的实际环境,将用户带入了一个完全沉浸式的虚拟世界。

图 2-4　超级驾驶舱

在此阶段,VR 技术已经不是单独存在的一种感官体验,而成为一种综合式的虚拟现实系统。

4. 第四个阶段

在此阶段,VR 技术理论进一步完善,VR 技术的发展进入产品更迭期。VR 技术的实际应用方向也开始转型,向游戏化、娱乐化方向迈出坚实的一步。

1990 年,世界首款多人 VR 技术街机诞生,设计者是乔纳森·瓦尔登(Jonathan Waldern)。伴随街机同时出现的是首款 VR 技术游戏 Dactyl Nightmare。

VR 技术街机受到了资本和商业的追捧,得以在短时间内大规模生产,并且之前 2D 版本的游戏开始被转化成 3D、VR 技术版本。

1994—1995 年,日本 SEGA 与任天堂游戏公司先后推出 VR 技术游戏设备 VR 耳机和 Virtual Boy,在当时引起了不小轰动,但此时的 VR 技术设备仍需要高昂的制作成本,并且在实际运行过程中,还出现了游戏画面故障、游戏并行处理冲突等问题,因此导致最终两款 VR 技术的游戏设备都以失败告终,但是这对 VR 技术的应用和发展提供了新的思路。

自日本的两家游戏公司在 VR 技术应用方向转型失败之后,VR 技术陷入了一个短期的沉寂,直到 2012 年,由 Oculus 公司推出的 Oculus Rift VR 技术耳机才再次将 VR 技术应用拉回到大众的视野中,并且随着科技的不断发展, Oculus Rift VR 技术耳机成功地将产品的价格拉低至 300 美元之内,这一由技术革新带来的低价效应为 VR 技术的爆发式发展提供了很好的基础。

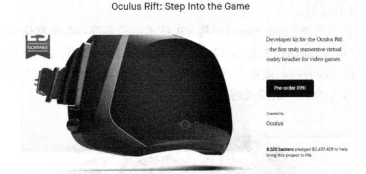

图 2-5　Oculus Rift VR 技术耳机

2014 年,随着智能终端设备技术和互联网技术的快速发展, VR 技术设备所需要的传感器、显示器、控制器、高速计算机制造成本直线降低,使得 VR 技术设备实现了量产的目标。市场上的 VR 技术设备如雨后春笋一般层出不穷,其中不乏互联网企业巨头 Google 和制造业巨头 SAMSUNG 推出的相对廉价的 VR 技术可穿戴设备。VR 技术的应用和发展,迎来了高速爆发阶段。在我国 VR 技术起步较晚,自 2015 年才开始在网络端引起关注,并迅速成为当年最具商业投资价值的行业。2016 年 VR 虚拟现实技术被正式列入我国《战略性新兴产业重点产品和服务指导目录(2016 版)》。

由此,我国 VR 技术的应用与发展才正式拉开了序幕。

5. 第五个阶段

在此阶段, VR 技术的发展和应用进入爆发期,随着 VR 技术应用各环节中的技术难点逐一解决,生产成本一降再降,内容制作呈现的效果越来越精美, VR 技术融入日常生活、娱乐应用中越来越容易。尤其是在我国庞大的市场支持和需求下, VR 技术行业的市场规模持续扩大,加之我国的 5G 通信技术体系与物联网体系的构建,会使 VR 技术的应用范围进一步扩展。

第二节　VR 技术的分类

VR 技术应用系统的构成需要有多个功能设备相互配合,使用户能够从多重感觉全面与虚拟世界进行交互。VR 技术的应用范围随着技术端的进步而逐渐扩大,也逐渐将 VR 技术进行了一种在不同标准下产生的分类,通常 VR 技术分为以下四类。

一、桌面式虚拟现实

桌面式虚拟现实系统是最简单的也最方便灵活的虚拟现实系统。其最大的优势是对硬件设置的要求低，仅需要个人计算机（ Personal Computer，PC ）即可。

在实际使用过程中，可以用计算机的自带的显示器作为用户观察和融入虚拟世界的一个窗口，同时借助计算机的外部输入设备如键盘、鼠标、麦克风等对虚拟世界中的各种物体进行不同操作。桌面式虚拟现实系统需要用户在计算机前一边通过计算机显示器观察相应的虚拟世界，一边通过计算机输入设备完成对虚拟世界中物体的操控。因此，在桌面式虚拟现实系统中，用户没能完全投入虚拟世界中，易被周围其他环境的变化所干扰，但桌面式虚拟现实系统的优势是应用范围广，实现成本低。

1. 基于静态图像的虚拟现实技术

这种技术下，虚拟化的场景设计实现不依靠计算机的制作与生成，而是直接采用连续拍摄的图像与视频再通过剪辑和拼接完成。这种技术最大的优势是将高度复杂的和极致逼真的虚拟场景依靠极少量运算完成构建，降低了虚拟场景构建的运算难度和硬件设备要求，使得虚拟现实可以在 PC 平台上实现。

2. 虚拟现实建模语言

虚拟现实建模语言（ Virtual Reality Modeling Language，VRML ）是一种基于网络技术的 VR 虚拟场景实现技术。通过建模语言将三维立体的造型形成一种描述性文本，再由一定的控制协议，将三维立体造型组合成为一个连贯的虚拟场景，而用户在通过网络端即用浏览器打开这些描述性文本时，文本信息在本地进行解析执行后在浏览器端页面上呈现出相应的虚拟场景。VRML 的优势在于利用语言进行文本描述，大大削减了虚拟现实场景构建所需要的图片、视频等素材的传输和运算，从而为虚拟现实场景的构建提供新的方式。

3. 桌面计算机辅助设计（ Computer Aided Design，CAD ）系统

通过使用 3D 技术，模拟虚拟世界，再通过计算机显示器查看，就会拥有自由可控的视点和视角。虚拟现实技术，与其他技术有着根本意义上的差别，通过计算机内部的计算生成一种 3D 模型，可以真正感受到模型的复杂性和桌面计算、成像能力的局限性。Open GL、DirectDraw 就是很好的桌面三维图形绘制技术。

二、沉浸式虚拟现实

沉浸式虚拟现实系统将结合特定的显示设备给予用户一个完全沉浸式的体验，主要采用的设备装置有洞穴式立体显示装置（ CAVE 系统）或 HMD 等设备。其原理是：暂时将用户的视觉、听觉等感应系统进行封闭，即与外界真实环境隔离，而后为用户呈现出新的、虚拟的场景，并通过多种配套设备的同步运行给用户一种全新的体验，让用户能够全身心沉浸其中。

1. 基于头盔式显示器的系统

在这种系统中,用户需要戴上一个头盔式显示器,将视、听觉与外界隔绝,然后在头盔内部产生不同内容的新场景,并且新场景能够随着用户视角的变化而变化,并且能够连续不断地形成内容的转换。同时,用户还可以通过语音控制、行为动作数据导入等方式使得用户以自然的方式与虚拟场景中的情形进行交互。

2. 洞穴式虚拟现实系统

洞穴式虚拟现实系统是在立体显示、多通道视景同步等技术之上建立的,是一种房间式投影可视协同环境,可提供一个四面或六面的房间,来进行立方体投影显示,可以单人也可多人同时参与。在这个过程中,利用相应的虚拟现实交互设备,如数据手套、力反馈装置、位置跟踪器等,与虚拟事物或其他参与者发生互动。所有参与者都完全沉浸在一个全方位投影虚拟仿真环境中,从而获得一种高分辨率的、三维立体的视听影像和感受到 6 个自由度的交互式体验。

图 2-6　洞穴式虚拟现实系统

3. 座舱式虚拟现实系统

座舱是一种最为"古老"的虚拟现实设备。体验者进入座舱,无须佩戴或使用任何现实设备,就可以通过座舱"窗口"进入一个虚拟世界。这个"窗口"由一个或多个计算机显示器或视频监视器组成,来显示虚拟场景。

图 2-7　座舱式虚拟现实系统

4. 投影式虚拟现实系统

投影式虚拟现实系统是通过一个或多个大屏幕投影,来实现立体视觉和听觉效果,可以让多个用户同时体验虚拟世界。投影式虚拟现实系统的主要功能是:通过抓取用户形象数据,利用图像数据处理设备对抓取到的用户形象数据进行处理,然后与虚拟场景同步投射呈现,用户可以看到"自己"在虚拟空间中的活动情况,并且还可以通过其他辅助数据输入设备进行实时交互,计算机可识别用户的动作,并根据用户的动作实时更新虚拟空间。此种情况多见于电影或游戏特效制作。

5. 远程存在系统

远程存在系统的实现不仅需要虚拟现实技术还需要机器人智能控制系统,即用户在异地通过虚拟现实技术将机器人所处的环境和场景虚拟呈现在用户面前,即用户通过对虚拟场景的操作实现对机器人的智能控制。用户通过连接远程摄像头的立体显示器获得深度感,通过运动跟踪和反馈设备跟踪操作者的运动,并将远程运动过程(如阻力、碰撞等)传回并将动作传输到远程位置结束。

图 2-8　远程存在系统

三、增强式虚拟现实

增强式虚拟现实(Augmented Reality)技术将赋予虚拟现实技术新的功能和新的应用场景。不仅利用虚拟现实技术来模拟现实世界各种场景,而且还利用虚拟现实的特效性来增强用户对真实场景的多种感受。

增强式虚拟现实技术是一种实现了把虚拟世界信息"无缝对接"到真实世界的新兴技术,是把本来在现实世界时空范围内很难体验到的实体信息,如视觉信息、声音、味道、触觉等,通过计算机虚拟现实等技术模拟仿真后,将虚拟信息和真实信息进行叠加,从而被人类感官所感知,让体验者获得超越现实的感官体验。

图 2-9　增强式虚拟现实

增强式虚拟现实技术包含了融合媒体、3D 建模、实时视频、多传感器信息融合、实时跟踪、场景融合等新技术与新手段。增强式虚拟现实技术提供了在一般情况下，人类无法感知的信息。

增强现实系统由两部分组成，即一组紧密联结、实时工作的硬件和相关的软件系统，常用的呈现形式有如下三种。

1. 手持式（Hand-Held）

手持式是利用手机等移动终端的摄像头摄取真实世界的影像，并实时叠加虚拟信息。当前基于移动端的大部分 AR 应用都采用这种形式。由于手持式呈现方式门槛低，所以大量简单的 AR 呈现也都能选择这种方式。

2. 空间展示（Spatial）

简单理解，空间展示就是不通过手持、不通过头戴的 AR 展示，进行公共的虚拟形象的展示，或以其他屏幕呈现增强现实信息。

3. 可穿戴式（Head-Attached）

可穿戴式又可以细分为视频式和光学式。

视频式（Video See-Through，VST）的原理是：通过摄像头获取真实世界的信息，并根据机器视觉等技术实时叠加虚拟信息。用户可以通过 AMOLED 屏等显示屏幕进入"真实+虚拟"世界。在视频式 AR 显示技术中，用户所看到的都是通过摄像头所获取的图像，也就是说真实世界是通过设备的摄像头获取再通过设备的屏幕呈现给用户的。

光学式（Optical See-through，OST）这种显示技术的原理在于，用户通过人眼前的透镜看到真实世界，而计算机生成的虚拟信息则通过一系列的光学系统投射入人眼中，从而实现在真实世界的光源下叠加虚拟信息的效果。

图 2-10　视频式增强现实系统

四、分布式虚拟现实

分布式虚拟现实系统中,多用户可以在网络技术的支持下对同一虚拟现实场景进行观察和操作以达到协同工作的目标。分布式虚拟现实系统由图形显示器、通信和控制设备、处理系统、数据网络组成。分布式虚拟现实系统整体架构强调多线程并行处理,对于网络速度和系统核心数据访问层及业务逻辑层提出更高的需求和挑战。

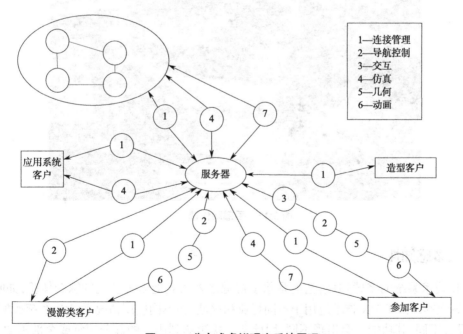

图 2-11　分布式虚拟现实系统原理

目前分布式虚拟现实系统已经实现了在多个行业领域中的应用,如远程教育、电子商务、远程医疗等,并且在分布式虚拟现实系统与互联网技术的叠加下,将极大扩展其应用前景。

第三节　VR 技术的特征

随着时代的发展和技术的进步，VR 技术从起初的娱乐化、泛娱乐化应用，到目前广泛应用于各行各业，VR 技术在给工作生活带来便捷的过程中显露出以下四个特征。

一、交互性

用户与 VR 系统所构建的虚拟场景进行交流互动，并且在虚拟场景中，用户可以与虚拟场景进行一定的数据信息交换并对其动态操作，同时，虚拟设备还会根据用户的操作给予相应的反馈和感觉，从而实现 VR 技术的交互性。

交互性主要借助于与 VR 技术系统相匹配的专用设备（如手柄、数据手套等）来实现，以自然的方式（如手势识别、身体姿势识别、语音控制识别等），如同在真实世界中一样操作虚拟现实中的对象。

常见的应用有：模拟体感游戏，用户在游戏中，当发出动作时，VR 系统通过对用户身体动作的运动特征捕捉，将其转化为相应的数据，经过相对复杂的运算后，在虚拟场景中表达出用户的动作，从而给予用户不同角度、距离、方位下的游戏真实感。

图 2-12　手部动作捕捉

二、多感知性

VR 技术系统的多感知性，指的是除了视觉之外的其他多种感觉的综合体验，如听觉、味觉、触觉等。由于 VR 技术应用于不同行业和领域，在不同应用情况下，VR 系统所配备的硬件设备不同，其功能也会出现不同，因此会直接影响到用户的部分感觉或全部感觉。VR 系统的多感知性促使 VR 技术系统能够更加逼真地模拟和还原真实场景。

正是因为有这样多感知性的特征，才进一步扩展了 VR 技术的应用范围，无论是游戏、娱乐这样直接体验的领域，还是其他如办公、教育、科研、经济等实用性要求更高的领域，VR

技术必将受到更多的关注和重视。

三、自主性

VR 技术系统的自主性,主要体现在虚拟场景构建及与用户的交互中仍然遵循一定的物理学规律。在虚拟场景的构建过程中,动态环境建模技术、实时三维图形生成技术以及基础的系统开发工具和系统功能集成平台是必不可少的。而实现 VR 技术系统自主性的关键在于动态环境建模与实时三维图形生成技术,并且还依赖于立体显示和传感器技术将自主性的标准与用户操作输入的数据进行统一。比如,在虚拟场景应用中,用户在虚拟现实中推动了一个物体,而这个物体根据使用者推动力的大小显示真实环境中力学的反馈,如滚动、脱离、掉落等。

四、存在性

VR 技术的存在性也称为临场感,即用户在虚拟场景中所能体验到的真实程度。用户在虚拟场景中的感觉与现实感觉的差异越来越小的时候,就是 VR 技术存在性最高的时候。

VR 技术的存在性,也是检验 VR 技术应用效果的关键性指标,更是用户使用效果的直观体现,同时也是 VR 技术的未来发展方向与极致追求。

图 2-13　VR 系统互动

第四节　VR 技术的应用

VR 技术的诞生是多种技术的相互融合,其功能是多技术共同作用下的相互交叉呈现。所以 VR 技术的应用范围较为广泛,而目前社会常见的应用领域如下。

一、教育领域

VR 技术已经成为促进教育发展的一种新型教育方式。这种新型技术为教育的发展做出了贡献,尤其是近年来极速膨胀的在线教育热潮,无论是在大学专业方向的各种教辅平台还是 K12 阶段教育的应用型教育提升平台都具有很好的市场潜力和发展前景。VR 技术的出现在教学模式上给予教育辅导行业极大的支持,技术性的改变让学生通过更加真实的感受来接受知识理解知识,通过 VR 技术营造出更具趣味性和互动性的学习环境,不仅提升了学习效果,更深远的意义是激发学生学习的兴趣,对学习产生长久持续的动力。

图 2-14　VR 进入课堂

二、医学领域

在医学领域,VR 技术可以应用于医疗技术培训和教育,也可以直接应用于医疗保健的实际操作中。

在教育培训阶段,通过 VR 技术可以直接模拟手术、化验、注射等情形,学生能够直观地感受到不同诊疗过程中的技术要领和重要知识,还可以在虚拟的场景中进行手术模拟预演,高度真实的场景和较低的实验成本能够给予学生们大量实践的机会,快速提高学生们对此技术的掌握程度,帮助学生快速适应以后的实际工作,间接地还可以提高对患者的治疗成功率。

另外,在医疗保健环境中的应用也是 VR 技术创新融合的重点。在实际治疗过程中,医生针对患者的不同情况可以使用 VR 来配合传统治疗,通过创建特定场景形成脱敏机制,提高在治疗恐惧症患者方面的疗效,如飞行恐惧、恐高、幽闭恐惧症、密集恐惧症、公开演讲恐惧等。VR 技术是一种提高暴露疗法或认知行为疗法的有效手段。

VR 技术还可以用于有效缓解患者假肢疼痛的管理、脑损伤的评估和康复、青少年自闭症患者的社会认知训练、焦虑和抑郁的治疗、脑卒中康复等,VR 技术不仅可以提高这类病情的治疗效果,还可以通过模拟病情的可视化为病情的诊疗提供帮助。

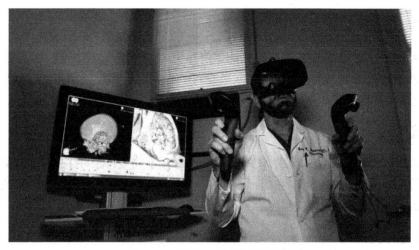

图 2-15　通过 VR 进行术前模拟

三、影视娱乐领域

　　VR 技术在影视娱乐方面的应用也很广泛，VR 技术作为显示信息的载体，可以将原本静态的画作、雕塑等艺术品转化为动态的，可以让用户通过 VR 技术更直观也更具体地欣赏各类艺术展览，提高艺术表现力。例如，当前较为活跃的虚拟展览或者虚拟博物馆等。

　　如今，基于 VR 技术的现场 9D VR 体验已经出现，9D VR 体验馆对影视娱乐市场产生了巨大的影响，9D VR 技术让观影者身临其境，沉浸在电影营造的虚拟环境中。

图 2-16　VR 9D 电影

四、设计领域

在室内设计方面,人们利用 VR 技术把室内外的结构与外形绘制出来,成为可见的立体展示。在刚开始设计时,设计师可以在虚拟空间中将自己的构想模拟出来,这就可以用到 VR 技术让设计表达得更具立体感,细节更加饱满。

五、航天领域

人们通过统计模拟和 VR 技术,重现了航天设备在不同飞行条件下的不同表现情况,飞行员的飞行训练和实验操作可以在虚拟空间中进行,这样就极大降低了各相关的危险系数、航空航天的工程耗资、工程烦琐程度。

六、军事领域

提高我国的综合国力,军事演习必不可少。在军事演习过程中,可以对各种江河湖海山川的地貌数据进行计算机处理,再通过 VR 技术将它们立体化并投影出来,这里还会使用到全息技术。

图 2-17　VR 军事模拟

现代的战争是一种抽象概念的信息化战争,战争使用的机器都更趋向于发展自动化方向,最典型的代表就是无人机,无人机作为一个自动化机器有着令人喜爱的便利性。可以利用虚拟现实技术去模拟无人机的飞行、射击等工作来训练士兵,还可以利用眼镜、头盔内置的微型机器远程操控无人机进行侦察甚至暗杀的战争任务,从而有效降低士兵的伤残伤亡率,提高侦查效率。综上所述,发展无人机和虚拟现实技术的有效结合技术非常必要。

第五节　VR 技术发展的局限性

VR 技术行业乘上科技快车,如今技术层面已经基本成熟,因此 VR 行业的内容包括但不限于游戏,各行各业对其提出了更高的要求。在技术层面来看, VR 技术发展的障碍还是值得我们注意的。

虚拟现实技术可能在未来突破我们的生活方式,真正进入一个广泛的消费级别市场,这无疑需要走很长的路,如游戏应用方面,它的身临其境体验感在技术层面依旧有很大的局限性,很多相关问题依旧难以解决。

一、真正虚拟世界难进入

因为要配合使用鼠标和键盘,这就会被各种线缆束缚住,使用时间和空间受到严重限制,使用体验处于一种非常尴尬的境地,并且市面上的虚拟现实装备绝大多数都只是影响视线,并不是覆盖了我们所有视野范围,甚至在其他感官上对现实的还原度更低。

二、"输入"困扰

虚拟现实更大的挑战也许是,如何在虚拟世界中与目标进行互动。头盔式显示器只是对用户的头部进行跟踪,但是并不能追踪身体的其他部位,如玩家的手部动作,到目前为止仍无法真正模拟。虚拟现实如何输入,目前带给游戏开发者和硬件制造商非常大的困扰。虽然现在 Xbox 的手柄已经可以成为 PC 的控制器,但是在实际应用中还缺乏一些经验。其他控制装置,如 Razer Hydra 和 STEM 系统,虽然都给出了很多承诺,但是依然不能精准模拟使用者的双手。目前还没有明确的方法来指导如何具体实现虚拟现实技术对手势和其他身体部位的追踪。

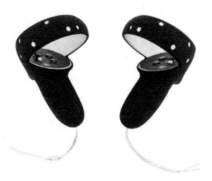

图 2-18　VR 手柄

三、受众局限性

虚拟现实技术的发展目前仍处于初级阶段,每个人对 VR 都有着完全不同的演示方法,最重要的其实是最后呈现时段。虽然许多开发者对虚拟现实这种技术充满了兴趣,但是仍然未形成一个统一的行业标准。作为一个全新的行业,要能在足够广泛的受众中引起强烈的兴趣才能取得成功。因为 VR 是在与已经相当成熟的电影、游戏甚至是网络短视频争夺受众资源,这些娱乐项目成本相对较低且无处不在。虚拟现实技术想要拥有广泛受众,除目前已拥有的专业爱好者之外,还必须吸引各种类社会群体,从设计开发到后期推广方面发力,扩大受众范围。

四、易疲劳

虽然大部分 VR 设备的开发工作者都会考虑到用户在多种多样姿势下的感官体验,如移动着或坐着,但不同姿势给用户带来不同的体验。随着镜头的迅速移动,焦点会晃动不定,如果处理不及时,就会导致使用者的不适甚至有恶心的感觉。而且当镜头的移动速度过快时,可能会直接影响用户的视力,严重时会导致用户眩晕。

图 2-19 VR 赛车

第三章　3D 开发技术基础

第一节　语言描述方式——HTML 5

超文本标记语言（Hyper Text Markup Language, HTML）是一种诞生于 1990 年的语言描述方式，在构建 Web 页面上有着极其广泛的应用，在互联网技术上，占据着核心地位。在 1997 年 HTML 4 就成为互联网的统一标准，在对 HTML 4 不断改进下，诞生了 HTML 5。

HTML 5 是随着现代网络发展应运而生的，于 2008 年正式发布，在发展过程中不断结合其他元素，对原来的功能进行更新换代，在 2012 年正式形成较稳定的版本。相较于 HTML 4，HTML 5 在语法上的特征体现愈加明显，并且结合了可缩放矢量图形（Scalable Vector Graphics, SVG）的相关内容。SVG 能够使用户在使用网页的同时，快速高效地处理多媒体内容。因此，HTML 5 就被认为是未来下一代的互联网标准。

用户在浏览网页时看到的内容，都是浏览器对 HTML 格式的解析，即将这些内容的格式转换为可以被识别的信息。虽然技术人员在开发过程中很少会用到新技术，但是 Web 开发者应该对这种未来有很大可能要使用的新型 HTML 技术及其特性有所了解。

一、发展历程

在 1990—1995 年，HTML 起初托管于欧洲核子研究组织（Conseil Européen pour la Recherche Nucléaire, CERN），之后转至国际互联网工程任务组（Inter Engineering Task Force, IETF），再然后万维网联盟（World Wide Web Consortium, W3C）成立，在这过程中，HTML 不断进行功能拓展，标准也进行了几次重新修订。

1995 年 HTML 3.0 第一次尝试扩展，在两年后产生了更实用的 HTML 3.2。1997 年年末，随之而来的是 HTML 4.01。

之后，W3C 成员做出了一个重大决定，那就是停止原本发展的 HTML 项目，转为研究另外一种基于可扩展标记语言（Extensible Markup Language, XML）的项目，称为可扩展超文本标记语言（Extensible Hyper Text Markup Language, XHTML）。XHTML 1.0 是在 HTML 4.01 再编写过程中于 2000 年产生的，具有新的序列化功能。继 XHTML 1.0 之后，XHTML 2.0 则是另一种早期不与 HTML 和 XHTML 语言兼容的新的语言。在此之后，W3C 就让工作组不断扩展 XHTML，在此过程中对 XHTML 进行模块化优化。

HTML 的发展约在 20 世纪末停止，而浏览器供应商所开发的 HTML 部分应用程序编程接口（Application Programming Interface, API），在这之后慢慢消失，如在此期间于 1998 年诞生的 DOM Level 1 和 DOM Level 2 Core 及 2000 年的 DOM Level 2，之后于 2004 年颁布的部分关于 DOM Level 3 的相关内容规范，尽管所有 3 级草案并未完成，但此项目早已结束。

新的转机出现在 2003 年，XForms 的出现打破了 HTML 的旧局面，因为 XForms 被认为是下一代 Web 表单定位技术，它的出现使大家重新开始对 HTML 的发展感兴趣，因而没有继续去尝试寻找可替代 HTML 的新事物。这种兴趣来自认识到 XML 作为 Web 技术的部署仅限于全新技术（如 RSS 和后来的 Atom），而不是替代现有的已部署技术（如 HTML）。

HTML 可以扩充延展 HTML 4.01 表单，还可以给 XForms 1.0 附加许多特性，且无须使用 HTML 页面不兼容的渲染引擎，尽管由浏览器实现的渲染引擎很方便。这就引起了开发者们对 HTML 新的兴趣，在初期阶段，工作组想要发布这个草案时，在已经征求了各种相关权威来源的建议的情况下，依旧没能成功发布，原因是该规范的版权仅由 Opera Software 拥有。

应该重新展开对 HTML 的深入研究这个想法是在 2004 年的 W3C 研讨会上由 Mozilla 和 Opera 联合推出的 W3C 工作组所提出的。一些原则（关于 HTML 的各项使用的内容）以及上面所提到的一些早期草案也在该研讨会上被提出，但是因为只涵盖了一些与表单相关的特性，并与之前所选择的互联网路线冲突，因此该提案被否定。随后 W3C 工作组和开发成员最终决定：开发原有的项目，即基于 XML 的替代品。

之后，为了解决版权问题，将版权更改为属于所有三个供应商——Apple、Mozilla 和 Opera。供应商为了继续之前关于草案的研究，制造了全新的场地——WHATWG，并将未完成的草案移至该场地新创建的公共邮件列表与站点上，供应商们也被允许重复使用该规范。

WHATWG 基于几个核心原则，特别是技术需要向后兼容，规范和实现需要匹配，即使这意味着更改规范而不是实现，并且规范需要足够详细，实现可以实现完整的互操作性，无需相互逆向工程。后一要求特别要求 HTML 规范的范围包括先前在三个单独的文档中指定的内容：HTML 4.01、XHTML 1.1 和 DOM Level 2 HTML。它还意味着包含比以前被认为是标准更多的细节。

2006 年，W3C 由于曾经的工作项目与之相关，对新一代的 HTML 5.0 的开发有十分浓厚的兴趣，为了向 Apple、Mozilla 和 Opera 展示出合作的诚意，在 2007 年特别组建了一个专攻于负责开发 HTML 项目的工作组，随后，WHATWG 的三家供应商（Apple、Mozilla 和 Opera）批准了 W3C 的版权，并给予开发且发布规范的资格。与此同时，原来保留在 WHATWG 站点的部分许可版本依旧保留着，而且这部分许可版本限制较少。就这样，WHATWG 与 W3C 开始了合作，在 Ian Hickson 的帮助下共同工作着。随后的四年间，两个工作组开始产生分歧，其中 W3C 更趋向于与 HTML 2.0 推荐的功能划清界限，认为要摆脱过去，而 WHATWG 恰恰相反，更倾向于对 HTML 不断维护修改优化并在此基础上添加新的特性功能，研究 HTML 生活化标准。他们意识到两个工作组的工作目标并不统一，不适合继续合作，因此，到了 2012 年，W3C 推出了一个新的独立工作组，负责在原有合作的基础上独立开发 HTML 5.0 推荐标准，并开始了为 HTML 更新一代规范准备工作草案。此后的第三年，即 2014 年 10 月 28 日，HTML 5 终于作为稳定的一个推荐标准面世。

2015 年至今，视频网站 YouTube 放弃了 Flash，转而将目光投在了 HTML 5 上，并逐渐完成全范围过渡。在 YouYube 的影响下，众多网站纷纷开始使用 HTML 5。

表 3-1　HTML 5 演变史

版本	组织	时间	优势和改进	劣势和终止
HTML 2.0	IETF	1995 年 3 月	最早的 HTML 官方规范,这一规范中的许多特性都是在已有实现的基础上归纳总结出来的	2000 年 6 月被宣布已经过时
HTML 3.0	W3C	1997 年	提供了很多新的特性,如表格、文字绕排和复杂数学元素的显示	虽然它是被设计用来兼容 HTML 2.0 版本的,但是实现这个规范的工作在当时过于复杂,在草案于 1995 年 9 月过期时,规范开发也因为缺乏浏览器支持而中止
HTML 3.2	W3C	1996 年 1 月	去掉了大部分 HTML 3.0 中的新特性,但是加入了很多特定浏览器,如 Netscape 和 Mosaic 的元素和属性。HTML 对数学公式的支持最后成为 MathML 规范	
HTML 4.0	W3C	1997 年 12 月	所有的格式化信息都可以从 HTML 文件中剥离,并植入一个独立的样式表,可以在不把文档内容搞糟的情况下,对表现层进行完全控制	
HTML 4.01	W3C	1999 年 12 月	规定了三种文档类型: Strict、Transitional 以及 Frameset	
XHTML 1.0	W3C	2000 年 1 月	XHTML 1.0 是基于 HTML 4.01 的,并没有引入任何新标签或属性,唯一的区别是语法, HTML 对语法要求不高,而 XHTML 对语法要求如 XML 般严格	
XHTML 2	W3C	2002 年	最重要的设计理念是进一步分离内容和表示,改进 HTML 4 和 XHTML 1 残留的瑕疵	不向前兼容,意味着 XHTML 1.x 代码无法直接用于 XHTML 2.0,相反, HTML 5 却向前兼容。另外, XHTML 2.0 并非 HTML 的 XML 化,而是一种全新的体系,它忽视了设计师们的需求。2009 年 W3C 宣布终止 XHTML 2 的工作
Web Apps 1.0	WHATWG	2004 年	WHATWG 的主要工作包括 Web Forms 2.0 和 Web Apps 1.0,它们都是 HTML 的扩展,后来合并到一起成为 HTML 5 规范	

版本	组织	时间	优势和改进	劣势和终止
HTML 5	W3C	2008 年	结合了 HTML 4.01 的相关规范并革新,符合现代网络发展要求。与传统的技术相比,HTML 5 的语法特征更加明显,并且结合了 SVG 的内容。这些内容在网页中使用可以更加便捷地处理多媒体内容,而且 HTML 5 中还结合了其他元素,对原有的功能进行调整和修改,进行标准化工作。HTML 5 在 2012 年已形成了稳定的版本	

二、优缺点

1. 优点

HTML 5 的优势主要体现在终端上,最终的目的是更好地提高在终端设备上的体验及交互。HTML 5 纳入了所有合理的扩展功能,具备的优势如下。

1)网络标准统一

HTML 5 是由 W3C 推荐的,是通过谷歌、苹果、诺基亚、中国移动等几百家国际实力企业合力开发的计算机技术。HTML 5 最大的优势是"公开性",意味着每一个浏览器或每一个平台都可以使用。

2)用户体验提高

对于用户来说,HTML 5 提高了体验感,加强了视觉感受。HTML 5 应用在移动端,让应用程序回归到网页,并对网页的功能进行深入挖掘,用户无须另外下载客户端甚至插件,就能够看视频、玩游戏,操作更加简单,用户体验更好;HTML 5 的视音频新技术性能表现比 flash 更好;在网页效果方面,HTML 采用的 CSS3 特效样式、Canvas、WebGL,既加强了网页的视觉效果,又可以让用户在网页当中看到三维立体特效。并且,HTML 5 游戏就好像更新页面一样,是即时更新的。

3)本地存储技术

HTML 5 技术拥有突出的本地存储能力,消费者可以远程访问存储在"云"中的各种内容,突破了时空限制。因此,HTML 依托于出色的本地存储技术,极大地减少了各项应用程序响应时间过长的问题,为用户带来了更方便更快捷的体验。

4)多设备

HTML 5 使用 Web 浏览器来允许各项相关程序的运行,用户可以从包括 PC 端(台式机、笔记本等)、移动端(平板电脑、手机等)在内的各种形态的终端,访问相同的程序和基于云端的信息。

5)跨平台

对于开发者来说,HTML 5 的突出优势在于:跨平台使用。也就是说,开发了一款 HTML 5 的游戏就可以非常容易地移植到 Opera 游戏中心、Facebook 应用平台、UC 开放平台,甚至可以通过封装技术将其搬到 App Store 或 Google Play 上。由此可见, HTML 5 的跨平台性非常强大,这也是大多数人选择 HTML 5 的主要原因。

2. 缺点

1)开放性带来的困扰

目前,网络平台上大部分基于 HTML 5 技术的产品,都受到专利的限制,想要推动 HTML 5 大规模的普及和应用,第一步就是要将这些专利产品变为开放产品,但由于各种原因,当前面对这一问题时还存在许多争议。比如,对于视频格式的选择一直存在争议,一边是以苹果为代表的 WPEG 阵营,另一边是以 Opera、火狐、谷歌为代表的 WebM 阵营。WPEG 阵营由于本身一直使用的是 WPEG 格式,所以不愿将 WebM 作为标准,而 WebM 阵营则认为, WPEG 格式的专利仍然存在专利限制,不具有关于 HTML 5 技术所要求的开放性,所以不同意将 WPEG 作为标准格式。

2)发展的速度有待提升

在 HTML 5 的逐渐发展过程中提出了一些曾经旧版本 HTML 技术中没有的新功能延伸技术。这些技术在许多主流浏览器长期的发展历程中早已完成了相关方面的拓展,实现了此种功能,就这样,相较于其他平台 HTML 5 在发展速度方面还是过于慢了。同时由于 HTML 5 是新兴规则,相关市场技术层面经验欠缺,再加之关于 HTML5 的相关技术权威标准并没有正式认可审批,所以在短时间想要将其投入大规模市场应用依旧有困难。

3)技术手段的不完善

HTML 5 技术仍然在成熟和发展的过程中,需要开发者不断学习和改进,像 Web Worker、Web Socket、Web Storage 等新特性的出现,后台甚至浏览器原理等知识,都需要从业者深入研究,不断创新。

三、发展趋势

随着计算机信息技术的高速发展,可以预见,未来几年 HTML 5 的发展将会实现大幅跃升。未来几年 HTML 5 技术的发展方向如下。

1. HTML 5 技术的智能手机、平板、电脑等移动端

HTML 5 技术的主要开发市场仍然在移动网页领域,目前 HTML 5 技术可以解决移动网站开发的两个较大问题,即手机浏览器用户体验差和网站标准不一致方面,将整个障碍优势化,推动整个移动网站整体发展。

2. Web 内核标准提高

目前无论是 PC 端还是移动端,网站普遍使用的是 Web 内核,相信未来几年随着智能终端的逐渐普及,HTML 5 在 Web 内核中的应用将被大力推广和使用。

图 3-1　网页端和移动端

3. 改善网页操作体验

手游发展是大势所趋,特别是 3D 方向,HTML 5 技术成熟的背后,是外部电脑硬件优化水平的不断提升及 WebGL 的推广。

4. 网络营销游戏化发展

通过对场景化设计和跨屏交互等方面进行优化,提升消费者在各种游戏场景中体验感的同时,还满足了广告投放合作商家大部分的市场推广营销需求,对让用户注意到产品具有一定潜移默化的影响,可以在留下印象的同时不妨碍体验游戏所获得的各方面感受。

5. 手机视频,在线直播

HTML 5 将改变大部分多媒体数据的传输方式,让图片文字的加载,视频和音频的播放更加流畅,同时还可以将多种多样的多媒体数据与网页结合,尤其是让用户看视频时的漫长复杂加载变得像看图片一样轻松。

第二节　计算机语言——CSS

层叠样式表(Cascading Style Sheets, CSS)是一种计算机语言,用来结构化文档(如 HTML、XML 等)样式、设置网页外观。CSS 的功能还有很多,比如,可以静态地修饰丰富网页内容和形式,并且可以配合不同脚本,对网页的各种元素(大小、粗细、颜色、对齐、位置等)进行格式化。

CSS 可以控制网页中元素位置的布局,并且可以精确到像素级别,在此过程中,还能支持几乎所有的字体大小样式,另外还具有对网页对象和模型样式进行编辑修改的能力。

一、发展历程

1990 年,英国计算科学家蒂姆·伯纳斯·李(Tim Berners Lee)和比利时计算科学家罗伯特·卡里奥(Robert Cailliau)共同开发了 Web 万维网。

　　1994 年,万维网真正走出了实验室。自发明 HTML 以来,网页以各种不同的形式出现。各式各样的浏览器结合了自己的风格语言,让用户可以控制页面外观和展现效果。原始的 HTML 只是具有很少的显示属性,在 HTML 不断发展的局面下,许多显示功能被开发人员添加到 HTML 中,以满足页面设计人员的需求。在丰富内容的同时随着这些功能的加入,HTML 也会随之变得更加的杂乱,HTML 原本简洁的页面也变得越来越臃肿。在这样的环境下,CSS 应运而生。

　　1994 年, CSS 被哈肯·维姆·莱(Hakon Wium Lie)首次提出。当时,伯特·波斯(Bert Bos)正在设计一款浏览器。经过哈肯不断对波斯表达合作意向,两人最终决定一起开发 CSS。

　　事实上,当时互联网业界已经多次提出了一些样式表语言的建议,但其中 CSS 是第一个表示"层叠"含义的。在 CSS 中,从一个文件到另一个文件,样式可以提取引入。读者可能在某些地方使用更倾向于自己审美的风格,而在其他地方则采用"层叠"作者的风格。这种层叠方式能够让更多作者和读者随心添加个人喜欢的设计。

　　同样在 1994 年,W3C 正式成立,CSS 的创作成员全数进入 W3C 的工作小组,并竭尽全力推动 CSS 标准的完善和普及,层叠样式表的开发终于走上正轨。越来越多的专业人士参与其中,这其中就有微软公司的托马斯·莱尔顿(Thomas Reaxdon),他促成了 Internet Explorer 浏览器支持 CSS 标准,还有哈肯、波斯等负责这个项目的技术研发。到 1996 年 12 月, W3C 终于完成了 CSS 初稿,同时,层叠样式表标准也已经完成,这是层叠样式表首次形成标准,并且成为 W3C 的推荐标准。

　　哈肯在 1994 年的芝加哥会议上首次提出 CSS,在 1995 年的万维网会议上第二次提出 CSS。波斯展示了一个在他研发出的 Argo 浏览器上成功驱动 CSS 的示例,哈肯还展示了另外一个 Arena 浏览器的支持效果。

```
html {
    margin-left: 2cm;
    font-family: "Times", serif;
}


h1 {
    font-size: 20px;
}
```

图 3-2　1996 年 CSS 完成时的样子

　　1997 年年初, W3C 工作组着手修改完善 CSS,对第一版中未涉及的问题进行深入探讨和研究。最终形成了 CSS 规范的第二版,并于 1998 年 5 月发布。

二、编程开发

常见的编程工具如下。

（1）记事本：是一个 Windows 系统自带的内置软件，可以用来编辑网页。只需在编写过程中注意使用 .html 作为扩展名保存文档即可。

（2）Dreamweaver，是一个实用性很强的网站编辑器，可以看到正在开发的网页的即时展现效果，并且还有创建和管理网站内容的功能，是可视化网页领域的第一套专业开发工具，极大地优化了设计师的网页开发过程，提高了设计速度。有了它，可以轻松创建充满创意性和趣味性的实用网站。

三、语言特点

CSS 提供了一个描述 HTML 标记语言、定义 HTML 中各种元素显示方式的标准样式。CSS 是网页设计的大胆尝试，可以通过改变一个小的样式来达到改变全部与之相关页面元素的效果。一般来说，CSS 具有以下特点。

1. 多元化的样式定义

CSS 实现了多样的文档样式外观、文本样式和背景设计，可以为任何元素设置边框，并可以设置元素边框与其他元素间的距离以及元素边框与元素内容间的距离，还可以随意改变文本的大小写方式、修饰方式以及其他页面效果。

CSS 在具备强大的编辑设置文本、相关各项背景和属性的能力之外，更可以提供多元化精美的或实用又简易的文档样式外观模板，在模板的基础上，还可以对每个元素进行边框创建，修改各种距离数值参数以调整元素边框与另外元素的隔空距离，以及元素边框与本身各个内容之间的隔断距离。特别的，网页中的所有文本都可以任意更改大小写、字体等其他各项要求。

2. 使用和修改快速便捷

CSS 的使用十分快速便捷，它的定义方式就是个很好的例子，光是定义方式工作的途径就有两大块，无论是在 HTML 元素的 style 属性中还是 HTML 文档 header 部分的标签内，都可以顺利地进行定义样式的工作任务，而 CSS 的样式声明也可以在一个特殊的 CSS 文件中进行，声明样式还可以供给 HTML 作为页面参考。

简而言之，CSS 样式表可以统一存储所有样式声明，便于管理。

此外，可以把样式相同的元素先进行划分归类，再定义为相同样式，或者可以将一个样式应用于所有具有相同名称的 HTML 标签，还可以为一个页面元素分配一个 CSS 样式。如果想改变样式，在要改变的样式列表中找到合适的样式声明即可。

3. 实现多个页面应用

要想实现在多个不同页面上应用相同的 CSS 样式表，可以把 CSS 样式表单独放在一个 CSS 文件中。理论上说，CSS 样式表并不是页面文件，因此 CSS 样式表在所有页面文件中均可引用。这样可以快速统一许多个页面的样式。简单来说,层叠就是多次设置相同的样式在同一个元素上,使用最后一个属性值集。例如,如果同一组 CSS 样式表被用于网站上的多个页面,并且某些页面上的某些元素想要使用不同的样式,那么可以为这些样式定义单独的样式表并将其应用于页面。 这些后定义的样式会覆盖之前的样式设置,在浏览器中看到的是最后一组样式。

4. 实现页面压缩

网站如果利用 HTML 工具来定义页面效果,那么往往需要用很多重复的表格和字体元素来形成不同规格的文本样式,导致生成大量 HTML 标签,增加了分页文件的大小。只需将样式声明单独放在 CSS 样式表中,就可以极大减小页面内容所占有的体积,从而使页面加载所需要的时间减少许多。此外, CSS 样式表的不断重复使用明显减小了页面所需体积并减少了下载时间。

四、技术应用

在 HTML 文件里加入一个超级链接,置入外部的 CSS 文档。这个方法能最简单有效地管理整个网站的页面风格,可以把网页应有的文字内容与版面设计分开。首先在一个扩展名为 CSS 的文档中设置想要的网页风格,之后再在网页中加入一个超链接并连接到该文档,那么网页就会自动按照所设置的风格显示。

第三节 3D 绘图协议——WebGL 2.0

WebGL 是一种 3D 绘图协议。将 JavaScript 网页编程语言与 OpenGL ES 2.0 底层图形库这两个原本没有联系的互联网事物结合使用正是 WebGL 绘图技术标准所允许的,通过向 OpenGL ES 2.0 图像库添加 JavaScript 网页编程语言进行绑定。

HTML 5 Canvas 加速 3D 效果的渲染原本只能依靠软件,但 WebGL 的出现改变了这一局面,它提供了支持 3D 效果渲染加速的外部硬件。在此基础上, Web 开发人员想要在浏览器中显示流畅的 3D 场景和模型,只需要使用系统显卡即可。除此之外,还有两个新功能,那就是创建复杂的导航和数据可视化。可以看出 WebGL 技术标准的出现,将网页专用渲染插件开发所需的资金和时间省去,也对制作更为复杂精致的 3D 结构的网页,甚至具有 3D 效果的大型网页游戏等项目提供了便捷。

一、发展历程

弗拉基米尔·弗基西维奇(Vladimir Vkisevich)是一名 Mozilla 基金会的工作人员,在进行 Canvas 3D 实验项目研究过程中,研发出了 WebGL 的雏形。于是,在 2006 年, Vkisevich 终于展示出他的研究成果,它就是 Canvas 3D 的第一个原型。并且,在 2007 年年底于 Firefox 和 Opera 中得以成功实现。

2009 年年初, Khronos Group 是一家为客户提供计算机软件服务的非营利性质的 IT 技术联盟 ,这个联盟创建了一个专门研究 WebGL 的专业开发人员团队,这个团队的工作成员包括 Apple、Google、Mozilla、Opera 等各大公司的技术部门。之后便于 2011 年 3 月发布了 WebGL 1.0 规范。该工作组一直由肯·罗素（Ken Russell）领导，任期从 2009 年到 2012 年 3 月。

WebGL 最早期的用途实例之一是著名的谷歌人体医学浏览器。

Khronos Group 的 WebGL 项目组于 2013 年开始开发 WebGL 2.0。WebGL 2.0 是在 OpenGL ES 3.0 的基础上进行研发的，耗时四年，后于 2017 年年初完成，并且在主流浏览器 Firefox 51、Chrome 56 和 Opera 43 中顺利实现。

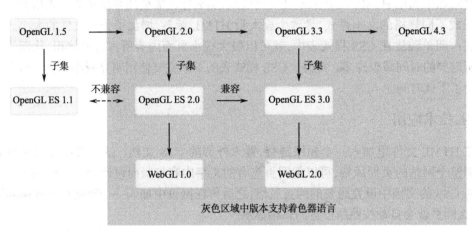

图 3-3　WebGL 相关概念之间的关系

二、开发与应用

起源于 Khronos 集团的免费开放的 IT 技术行业规范不仅有 WebGL，还有 OpenGL 和 OpenCL，其中 OpenGL 是 3D 图形规范、OpenCL 是通用计算规范。当时 Adobe Flash Player 11、Microsoft Silverlight 3.0 都已经支持图形处理器（Graphics Processing Unit，GPU）加速，但它们都是私有的，且不具备透明性。为了改变这种形势，Khronos 公司联合其他项目相关的大型互联网 Mozilla、AMD、谷歌、Opera、Nvidia、爱立信等共同成立了 WebGL 标准工作组，旨在创建可在各种不同平台环境下都可以使用的 WebGL 标准，该工作组成立之后，于 2011 年上半年初步发布标准并且免费开放。

现有的网页交互 3D 动画仍然存在两个重大问题：一是动画制作并不能通过 HTML 脚本本身来完全实现，并且实现过程总是需要浏览器插件支持的；二是图形渲染不能通过底层的图形硬件加速功能来实现，并且无法通过有序统一的 OpenGL 接口实现。以上两个问题，WebGL 都可以完美解决。

表 3-2　WebGL 和 OpenGL 的比较

	WebGL	OpenGL
性质	一种用于展示各种 3D 模型和场景的绘图协议，并提供了 3D 图形的 API	用于渲染 2D、3D 矢量图形的跨语言、跨平台的 API

	WebGL	OpenGL
插件支持	WebGL 利用底层的图形硬件加速功能进行图形渲染, 无须任何浏览器插件支持	OpenGL 通过 HTML 脚本本身实现 Web 交互式三维动画的制作,需要浏览器插件支持
用途	WebGL 可被用于创建具有复杂 3D 结构的网站页面,甚至可以用来设计 3D 网页游戏等	OpenGL 用于 CAD、虚拟现实、科学可视化程序和电子游戏开发

第四节　着色语言

着色器语言也称着色语言(Shader Language),是专门为着色器进行编程的语言。每种着色器目标市场大不相同,导致着色器语言也有着千差万别的形式。

着色器是一款在代码中以 string 形式使用的在图形处理器上运行的小程序。着色器分为顶点着色器和片段着色器。模型的渲染效果决定于顶点着色器与片段着色器是否能相互默契的配合,顶点着色器,片段着色器会分别在对每个顶点和像素进行执行的过程中,只工作一次。

高级着色器语言(High Level Shading Language, HLSL)和 Cg(C for Graphic)语言都是和 C 语言相似度极高的着色器语言,因为这两者在语法设计方面与 C 语言类似。但是,高级语言有着一个十分鲜明的特点——硬件无关性。在这方面,因为着色器语言完全依赖于 GPU 架构,所以还不能做到摆脱硬件这一点,这明显的特点使着色器语言被定位为高级语言有着非常大的争议。曾经,演示基于图形硬件编程的唯一方法是使用低级的汇编语言,在出现着色器语言之后,这个形势有所改变。GPU 编程技术的发展从根本意义上来讲就是图形硬件的发展,因为任何着色器语言都必须基于图形硬件。

目前,着色器语言的发展方向强调便捷性,水平可与 C++ 及 Java 相媲美,为程序员提供了操作方便且灵活的编程方式,并对渲染过程实现有效控制,同时利用图形硬件的并行性,提高了算法的效率。

一、工作原理

使用着色器语言编写的程序称为着色器程序。着色器程序分为两类:顶点着色器程序(Vertex Shader Program)和片段着色器程序(Fragment Shader Program)。想要了解顶点着色和片段着色的含义,首先得从 GPU 上的两个组件开始讲起:顶点着色器(Programmable Vertex Processor)和片段着色器(Programmable Fragment Processor)。

可编程单元是对顶点处理器和片段处理器进行分离而得来的,顶点处理器是一个能够运行顶点程序的硬件单元,片段处理器是一个用来运行片段程序的硬件单元。

顶点处理器和片段处理器都有一个共同的优势,那就是极快的并行计算能力,并且非常擅长于不高于 4 阶的矩阵计算。另外,片段处理器还具有顶点处理器不具有的优势,那就是能高速查询纹理信息,这也是顶点处理器未来要实现的目标。

二、顶点着色器程序

可编程顶点处理器负责执行顶点着色器程序,而可编程片段处理器则负责执行片段着色器程序。

顶点着色器程序可以获得各类图元信息,而获得的途径就是 GPU 前端模块,即寄存器。这部分的重要图元信息通常包括法向量、纹理坐标、顶点位置等。成功提取图元信息之后,进行后续工作,如转换顶点坐标以及法向量所使用的空间,还有光照参数的计算,将以上数据整合后进行传输,完成顶点坐标的空间变换、法向量空间变换、光照计算等,最后将计算结果传输到指定 GPU 前端模块的计算数据模块。

片段着色器之后会从寄存器中提取出来必需的纹理坐标、光照信息等相关数据,基于这些信息,还需要对每个片段的颜色进行计算,最后将经过加工整合的数据发送到光栅操作模块。

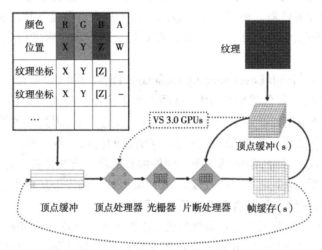

图 3-4　顶点着色器的动作原理

在处理顶点着色器和像素着色器各项信息参数的过程中,需要将顶点位置、纹理坐标等一系列在应用程序中已经被设定好的图元信息元素传递到顶点缓冲区中。同样,类似的纹理信息也会传递到相对应的纹理缓冲区中。虚线表示数据传输暂时无法实现,当前顶点程序没有处理纹理信息的能力时,纹理信息只能在片段程序中被读取。

顶点着色器和片段着色器是共存的关系并相互配合,顶点着色器程序的输出作为片段着色器程序的输入,但是也可以只利用顶点着色器。如果只利用一个顶点着色器,那么只需要处理输入顶点,并根据硬件默认自动对顶点内的点进行插值。比如,输入一个三角图形,利用顶点着色器对其进行光照计算,只要得到其中三个顶点的光照颜色,三角图形内部点的颜色就会遵循硬件默认算法(Gourand shading or Fast Phong shading)进行插值。当图形硬件更高级,默认处理算法更好时,效果会更好;相对地,倘若图形硬件使用的算法是 Gourand Shading,这种情况下会出现马赫带效应。

而片段着色器程序和顶点着色器不同,算法可以由自己编写,对每个片段单独进行颜色计算,不但可以根据自己的要求来控制,而且可以达到一个更好的效果。

三、片段着色器程序

片段着色器程序的主要功能是把每个片段分开进行单独的颜色计算,使最终输出的颜色值显示为这个片段最终的颜色。 可以说,顶点着色器和片段着色器主要分别进行着几何运算最终的颜色值计算工作。

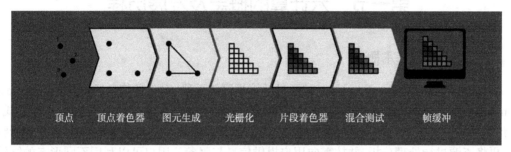

顶点　　顶点着色器　　图元生成　　光栅化　　片段着色器　　混合测试　　帧缓冲

图 3-5　片段着色器的动作原理

片段着色器的另一个突出特点是能够检索纹理。 对于 GPU,纹理等价于数组,这相当于如果要进行数组排序、字符串检索等一般计算,就需要使用片段着色器。 赋予顶点着色器更高标准的检索纹理功能,是当前重要的研究方向。

第四章 云计算技术基础

第一节 云计算的概念及发展历程

一、云计算的基本概念

云计算(Cloud Computing)是一种通过计算机网络手段,对各种信息通信技术(Information and Communications Technology,ICT)资源,实现大规模高速度计算的信息处理方式。云计算基于分布式计算等技术,通过网络"云",把数量巨大且极为分散的ICT资源进行整合,再将资源进行处理分析,并按需向用户提供信息与服务。用户可以利用不同形态的终端(如PC端、移动端)通过网络获取信息资源服务。云计算产业的组成:云计算制造业(包括软件产业和硬件产业)、云计算服务业、云计算基础设施服务业、相关支持产业等。

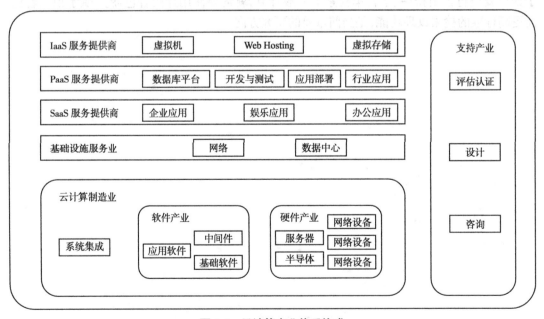

图 4-1 云计算产业体系构成

IaaS—基础设施即服务,Infrastructure as a Service;PaaS—平台即服务,Platform as a Service;
SaaS—软件运营服务,Software as a Service

云计算的技术构架中,主要有两层,即云计算基础设施和云计算操作系统。

云计算基础设施是依托于数据中心利用高速网络(如以太网等)把各种物理资源(包括服务器、存储设备、网络设备、数据库等)和虚拟资源(包括虚拟网络、虚拟机、虚拟存储空间等)联结起来。

　　云计算操作系统是由资源管理和分布式任务调度构成的,主要功能是对收集来的资源进行统一调度和按需分配,对云计算基础设施中的资源(计算、存储和网络等)进行统一管理。

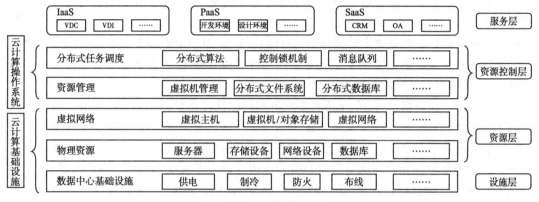

图4-2　云计算技术架构

VDC—虚拟数据中心,Virtual Data Center;VDI—虚拟桌面基础架构,Virtual Desktop Infrastructure;
CRM—客户关系管理,Customer Relationship Management;OA—办公自动化,Office Automation

二、云计算的发展历程

1. 云计算的诞生

　　在当前信息时代下,企业亟待完成信息化改革,这就需要收集存储企业经营大数据,还需要能够实现库存管理、采购进货管理、销售管理、财务管理、人力资源管理、生产管理等功能的信息系统。几台普通计算机的运算能力已然无法满足日益增长的信息处理需求,所以企业需要配置运算能力更强的服务器。甚至对于一些更大的企业来说,一台服务器还是远达不到要求的,如 Google 公司最少有 2 000 万台服务器。

图4-3　Google 公司数据中心

庞大的服务器群组共同构建起一个数据中心,为企业的各项数据信息提供相应的服务。但是,企业要构建起属于自己的数据中心不是一件容易的事。一个数据中心的信息处理能力如何取决于服务器的数量,但这样数量巨大的服务器设备同时运转电量消耗极其巨大,一个大型数据中心所消耗的电量几乎能与一座小城市相提并论。按机房最低寿命15年来算,在电费上的支出就占到运营费用的75%,相当于初期建设成本的3~5倍之高,随之而来的另一个问题是散热。数量庞大的服务器与存储设备将产生无法估量的热能,为了散热,数据中心又必须花费45%的电力用于空调等散热制冷设备。甚至,一些数据中心需要采用水冷式降温,那成本更是呈指数级增长了。

除了基础硬件设备以外,企业还需要配备相应的软件系统,如服务器专用的操作系统、企业管理系统(Enterprise Resources Planning,ERP)等。无论是硬件还是软件,都是高昂的建设成本。企业不但要在前期花钱建设,还得向软件公司购买价格高昂的软件,后期还要在维护基础设施及硬件和软件的运行与升级方面请专业人才来操作实施。由此可见,企业的数据中心建设与运营耗资巨大,是一般企业无法承担的。事实上,企业斥巨资自己建设了IT基础设施,而实际平均使用率还不到15%,也就是说有将近85%的资源是白白浪费的。

假如能将设备维护与软体升级交给专人管理,根据用户需求量租借空间与服务,像日常的水电一样,能够实现计算、服务和应用等资源按需求的时间和体量供应,是不是省去了许多麻烦呢?

于是,云计算应运而生,同时也衍生出了云计算的3种服务类型——基础设施即服务(IaaS)、软件即服务(SaaS)、平台即服务(PaaS)。

2. 云计算的不同阶段

云计算的发展经历过不同阶段,严格意义上来说,云计算并不是新出现的网络技术,而是一种全新的网络概念。云计算是以多种计算为基础,将分布式计算、效用计算、并行计算、负载均衡、网络存储、热备份冗杂和虚拟化等计算机技术混合演进并跃升的结果。

1)并行计算(Parallel Computing)

并行计算,是利用多样的计算资源,对问题进行同时、高速计算的过程,大大提升了计算机系统的数据计算速度和问题处理能力。并行计算的概念是对应串行计算来说的,这里的"并行"可以从时间和空间两方面去理解。时间上的"并行"是指流水线技术,同时进行两个或两个以上的计算,极大地提高了计算性能。而空间上的"并行"是指用使用多个处理器进行计算,比如基于CUDA编程,使用多个处理器解决单个问题,能够提供单机无法提供的性能。

2)分布式计算(Distributed Computation)

分布式计算将整个应用分解成若干个部分,然后分配给数台计算机并且同时处理。这样的计算方式大幅度减少了计算时间,大大提高了计算效率。一个复杂问题原本需要极高的计算能力才能解决,但通过分布式计算可以分成许多"小问题",然后把这些"小问题"分配给多台计算机共同处理,最后再把得出的计算结果整合处理得到最终的结果。如今,分布式计算项目已经被全球认同并加以应用,涉及的领域也相当广泛,如分析来自外太空的电信号,寻找隐蔽的黑洞,探索可能存在的外星智慧生命,等等。

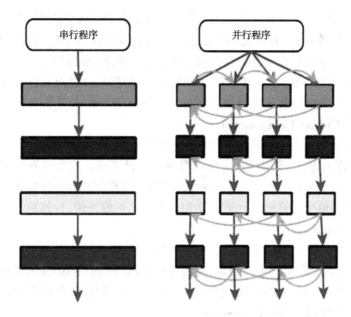

图 4-4 串行程序和并行程序的比较

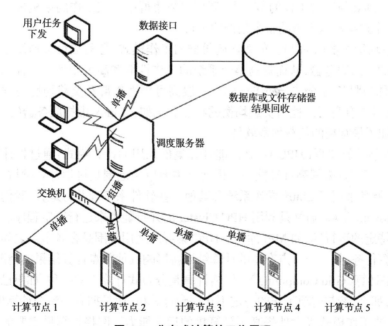

图 4-5 分布式计算的工作原理

并行计算与分布式计算的区别。

（1）计算方式不同。并行计算是借助并行算法和并行编程语言来实现线程级并行（如 openMP）或进程级并行（如 MPI）;而分布式计算是将任务分割成小块到各个计算机分别计算再汇总结果。

（2）粒度粗细不同。就并行计算而言,各个处理器之间的交互相对比较频繁,经常呈现出细粒度和低开销的特点,并且比较可靠。反观分布式计算,处理器间发生交互的情况比较少,交互呈现出粗粒度特征,并且是不可靠的。并行计算注重的是加快问题的解决速度、提高求解问题的规模,而分布式计算把重点放在延长的正常运行时间上。

两种算法还有很多相同点和密不可分的联系,它们都是通过把大任务分为小任务获得更高性能的计算,主要目的都在于对大数据的分析与处理。

3)集群计算(Cluster Computing)

集群计算,是指把几个分散的计算机软件和硬件连接成为一个完整的计算机集群,用以高度配合完成计算工作,也可以把这个集群看成一台计算机。这个计算机集群中的单个计算机,称为节点。每个节点一般是用局域网来连接,当然也有其他的连接方式。集群计算机的主要作用是:改进单个计算机的计算速度和可靠性。一般来说,计算机集群要比工作站和超级计算机的性价比高。

根据组成计算机集群中单机结构是否相同来分类,集群可分为同构集群和异构集群两种。集群计算机按功能和结构可以分为,高可用性集群(High Availability Cluster, HA Cluster)、负载均衡集群(Load Balancing Clusters, LBC)、高性能计算集群(High-Performance Clusters, HPC)、网格计算(Grid Computing)。

(1)高可用性集群(HA Cluster)。当集群中某个节点无法正常工作时,其执行的计算任务将自动转移到其他正常工作的节点上,还可以将集群中正在工作的单机进行离线维护再上线,并且这个过程丝毫不影响整个集群的运行。

(2)负载均衡集群(LBC)。负载均衡集群的工作模式,是前端负载均衡器将工作负载分发给后端的一组服务器,从而提高整个系统的工作性能和高可用性。这种工作模式下的计算机集群称为服务器群(Server Farm)。一般高可用性集群和负载均衡集群会使用类似的技术,或同时具有高可用性与负载均衡的特点。比如, Linux 虚拟服务器(LVS)为 Linux 操作系统添加了最常用的负载均衡软件。

(3)高性能计算集群(HPC)。高性能计算集群采用的计算模式,通过把计算任务分配到集群各个计算节点来提高计算能力。因此其主要应用范围是科学计算领域。例如,比较流行的 HPC 就是采用了 Linux 操作系统和其他一些软件来实现并行运算,我们称这样的集群配置为 Beowulf 集群,通常是利用 HPC Cluster 的并行能力来运行既定程序。这类程序一般使用的是特定的运行库,如 MPI 库等。HPC 集群的适用范围是在各节点之间产生大量通信数据的计算任务,如一个节点产生的计算结果将影响其他节点计算结果的情况。

(4)网格计算(Grid Computing)。网格计算是分布式计算中的一种,如果已知这项工作是分布式的,那么,参与这项工作的一定不止一台计算机,而是拥有一整个计算机网络,这种"蚂蚁搬山"的工作模式极大地提高了计算机的运算能力。网格计算最主要的目的就是组合、共享资源,并确保系统的安全。网格计算把大量异构计算系统中的闲置资源,嵌入一个虚拟的计算机集群中,为解决巨量计算问题提供一个方案。网格计算的主要任务是,支持跨管理域计算,这是它与传统计算机集群或传统分布式计算的重要区别。网格计算的目标是高效执行一个巨量计算任务,并能灵活解决多个较小的问题。这样,网格计算就构建了一个多用户环境。

集群计算与网格计算的区别如下。

（1）网格计算的功能是连接一组相关但并不信任的计算机,其运作模式更接近一个计算公共设施,并不是一个独立的计算机,网格一般比集群更支持多个不同类型的计算机集合。

（2）网格计算本质上是动态的,而集群计算中的处理器和资源数量往往都是静态的。在网格计算中,资源则可以以动态的形式出现,资源可以在网格中进行增加或者删除。

（3）网格计算的"出身"就决定了它分布在局域网、城域网或广域网中;而集群计算通常都包含在相同地方,通常只是局域网互联。集群计算中的互联技术会产生一定的网络延时,如果集群节点之间距离很远,可能会产生诸多问题。物理临近和网络延时导致了集群计算空间分布上的缺陷,而网格计算因其具有动态特性,可扩展性得到了很大的提高。

（4）集群计算只是借助增加服务器来提高工作效率,因此集群计算的性能是有限的。也就是说,如果一味地通过扩大计算机规模来提高集群的计算能力,那相对应,它的性价比就会下降。这意味着不能无限扩大集群计算机的数量。而网格计算虚拟出一个超级计算机,不受规模限制,不受时空限制,因此成为下一代 Internet 的发展方向。

（5）集群和网格计算其实是互补的。很多网格计算都在管理数据中采用了集群工作模式。实际上,网格计算用户可能并不了解它的工作负载是在一个远程的集群上完成的。尽管网格计算与集群计算之间存在很多差别,但这也让它们建立了一个非常奇妙的合作关系,在网格计算中总能看见集群的身影——一些特定的问题往往需要紧耦合的处理器来解决。然而,随着网络功能的迅猛发展,以前通过集群计算难以解决的问题,现在可以通过网格计算来轻松实现。

4）云计算(Cloud Computing)

云计算是通过网络"云",将巨量数据计算程序划分为无数个小程序,然后由多部服务器组成的计算机系统对这些数据进行处理和分析,得到的结果再按需反馈给用户。云计算是分布式计算、并行计算和网格计算不断发展的产物,不仅涵盖了分布式计算,还包括分布式存储和分布式缓存。分布式存储又包括分布式文件存储和分布式数据存储。

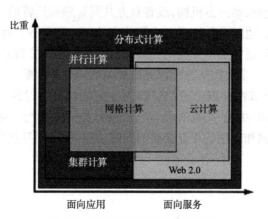

图 4-6 云计算与相关概念的关系

云计算与并行、分布式、网格和集群计算的区别如下。

（1）云计算与并行计算、分布式计算的区别：并行计算是由一个用户单独完成的；分布式计算是由多个用户共同完成的；而云计算无须用户参与，将计算任务交给远程的服务器来完成。

（2）云计算是从集群计算技术发展而来的，二者区别在于：集群计算尽管把数台机器连接起来协同工作，但当遇到某项具体任务需要执行的时候，还得转发到某台服务器上，而云计算可以将任务分割成若干个进程在一组多台服务器上执行并行计算而得出结果，与其他计算模式相比的突出优势是处理巨量数据的能力；云计算尽管使用的 PC 服务器性能不高，但也可以对大集群和大数据量进行管理，实现了对"云"内基础设施的按需分配和动态管理。

（3）云计算和网格计算的区别：云计算具有很强的扩展性，将很多计算机资源协调在一起，为用户提供一种全新的体验；网格计算意味着应用程序不再依附于具体的物理系统和平台软件，数据可以在计算节点之间"流动起来"。

第二节　云计算的分类及服务应用

云计算是新兴的信息技术，正处于高速巨变和日益完善中。经过十几年的深度竞争，目前已有的主流平台功能比较健全，产品比较规范，市场格局已经相对稳定，云计算的发展进入了成熟阶段。可以预见，未来云计算将拥有更广阔的发展空间，诞生出更多样的服务和更丰富的应用场景。

一、云计算的归属

根据云资源归属方不同（云计算平台用户分布不同），将云计算分为：私有云、公有云以及混合云。

私有云是指局限于一个企业或组织内部所使用的"云"，安全性和服务质量得以有效控制。私有云一般是由企业、第三方机构，或者双方共同管理和运营的。

公有云也称公共云，也就是传统意义上所认为的云计算服务。目前，大多数云计算公司主打的就是公共云服务，通常通过互联网直接接入即可使用。公有云普遍面向大众、企业组织、学术和政府机构等，大多由第三方机构完成资源的调度和分配。

混合云就是由两种或两种以上的"云"按照一定的标准通过技术手段混合在一起形成的"云"，既拥有公共云的功能，又具有私有云所具备的安全性能。混合云内部的各种云之间，在协同配合完成数据和应用的相互交换的同时，能够保持相互独立。

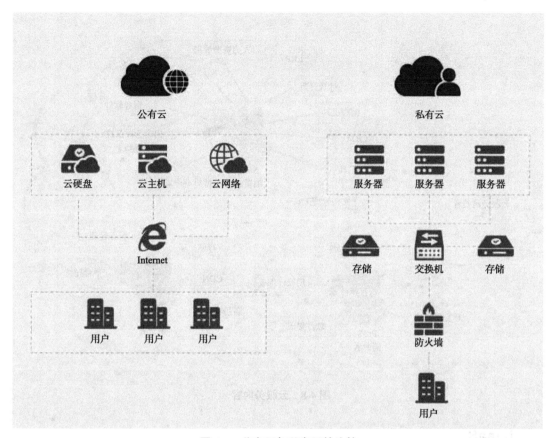

图 4-7　公有云与私有云的比较

关于公有云、私有云以及混合云,网络上有一个形象的比喻,即"一日三餐吃货论"。自己在家做饭相当于私有云,首先建设厨房,然后购买锅碗瓢盆及食材和各种调料等,这属于前期基础设施建设工作;之后需要自己煎炒烹炸,属于中期执行过程;吃完饭还需要自己刷锅洗碗,这属于后期运维工作。去餐馆、饭店吃就相当于公有云,按需点餐,吃完结账走人,厨房工作人员如何安排出菜顺序和速度,就相当于所讲的负载均衡和虚拟化。混合云的情况就像把厨师请到家里来做饭,能在保证信息隐私性的前提下局部使用公有云。

二、云计算的服务模式

云计算的服务模式是:将一定规模的计算资源通过网络互联进行统一调度,从而形成一个资源池,并按照用户需求提供数据服务,用户通过网络按需获取所需资源和服务。云服务一般可以分为三个层面,分别是:基础设施即服务(IaaS)、软件即服务(SaaS)、平台即服务(PaaS)。

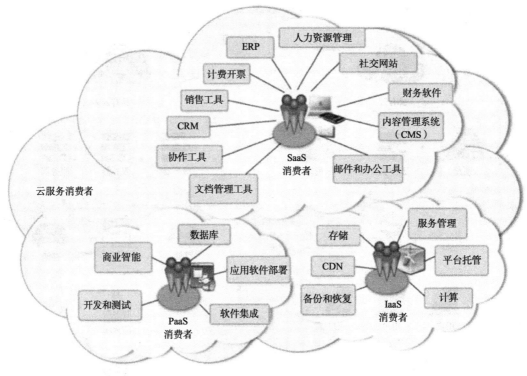

图 4-8　云服务内容

1. IaaS

基础设施即服务(IaaS)是指让 IT 基础设施成为服务向用户提供,并按照用户使用的资源量进行计费的一种云计算服务模式。

在这种服务模式中,终端用户无须自己购置数据中心的硬件设施,而是通过租赁的方式,利用网络从 IaaS 服务提供商获得服务器、存储和网络等。在使用模式上,IaaS 继承了传统主机托管模式的风格,但在节约成本和服务的灵活性、扩展性等方面做出了极大的突破。

IaaS 交付计算资源的类型主要有:网络服务、存储服务、工作负载管理软/硬件、虚拟化操作系统。

IaaS 能够按需提供计算和存储服务。不同于之前在数据中心购置所需的资源,而是根据个人需求,租用相应方面和体量的资源。这种租赁模式可以由第三方提供或在公司的防火墙以内运用。

云计算是以虚拟化等多种技术为基础的新兴技术。虚拟化不受物理限制,将一个虚拟化层插入系统中,再把下层的资源抽象化,可以为上层提供另一种资源。

服务器虚拟化是把软件从安装硬件中脱离出来,分离软件和硬件。这样能够在服务器架构的多个位置实现虚拟化,包括操作系统和应用程序之间,或者操作系统与硬件之间。后者指位于下层的虚拟化软件经过时间和空间上的分割以及模拟,创建一个虚拟的硬件接口,并向上层操作系统提供其所需的硬件环境,协助上层操作系统直接在虚拟环境中运行,甚至允许多个操作系统在单个物理服务器上同时运行。

服务器的合并是虚拟化的重要驱动因素,它可以提高系统工作效率并节约潜在成本。

以开源软件为例,现今 IaaS 体系结构中以开源软件为基础的,可以分为以下两种。

一种是两层体系结构,以 ECP、Open-Nebula、Nimbus 等软件为代表。"两层"指的是控制层和工作节点层,控制层的组成部分是存储系统、云控制器,而工作节点层则是由一系列工作节点构成的。

另一种是三层体系结构,如 XEN Cloud、Eucalytus 等软件。相比两层体系结构,三层体系结构多了一个集群控制节点中间层,该层的功能主要有以下三个方面:

(1)通常会设置该集群的域名系统(Domain Name System,DNS)服务器和动态主机配置协议(Dynamic Host Configuration Protocol,DHCP)服务器到一个集群节点上,监控集群中各节点的网络运营管理情况;

(2)监控该集群的 DHCP 和 DNS 服务器及集群中节点的资源使用情况并将监控到的结果向上层云控制器汇报,云控制器对底层工作节点的调用要以集群控制节点监控到的信息为参考;

(3)当两个集群的工作节点间发生通信时,中间层可以变成"路由器",通过双方的集群控制节点实现通信。

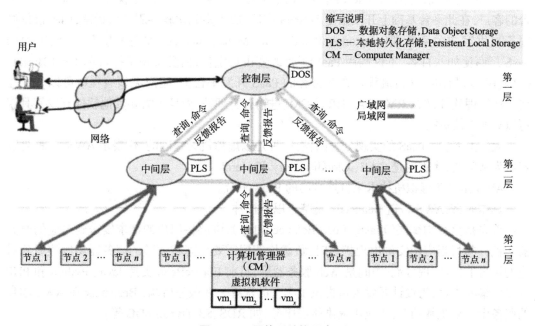

图 4-9　三层体系结构示意

从功能角度来看,相比两层体系结构,三层体系结构在扩展性方面的表现更好。在两层体系结构中,工作节点由"云"进行直接管理,由于这样的直接管理方式,所以云控制器对虚拟机的控制速度明显提高。不同的是,三层体系结构各个工作节点和集群控制节点之间可以做到直接通信,各个工作节点和云控制器之间的通信只需通过集群控制节点进行传导,云控制器利用中间层集群的控制节点来调度管控各个系统的工作节点,这样分担了云控制器的压力,在降低开销的同时,增强了整个系统的扩展性。

2. PaaS

平台即服务(PaaS)是指把提供服务器平台作为服务内容的商业模式,实际上 PaaS 就是把软件研发平台当成一种服务,再以 SaaS 的模式提供给用户。也就是说, PaaS 其实是 SaaS 的一种形式。PaaS 的出现推动了 SaaS 的完善和发展,促进了 SaaS 开发和应用速度的不断提高。2007 年,国内外 SaaS 供应商相继推出自己的 PaaS 平台。

PaaS 之所以能推动 SaaS 的发展,主要是因为它为企业提供"私人订制"的中间件平台,甚至包括应用服务器和数据库等。PaaS 大大提高了 Web 平台上可利用资源的数量。例如,用户可以通过远程 Web 服务获得 DaaS(数据即服务),还能利用可视化的 API,甚至像八百客的 PaaS 平台还允许用户混合使用并自动匹配符合应用要求的其他平台。商家和用户可以在 PaaS 的基础上,按照自己所需快速开发自己的应用和产品。不但如此,在建立基于面向服务的架构(Service-Oriented Architecture,SOA)的企业应用中, PaaS 平台开发的应用适用性更强。

此外, PaaS 平台对 SaaS 运营商来说,可以帮助厂商开发更多产品和实现产品的"私人订制"。举例来说,美国 Salesforce 公司推出的 PaaS 平台让更多独立软件开发商成为其平台的客户,在此平台基础上开发出更多 SaaS 应用,成为多元化软件服务供货商,而不仅仅局限于提供客户关系管理(Customer Relationship Management,CRM)随选服务。而国内的 SaaS 厂商比如八百客,不仅利用 PaaS 平台改变市场定位,而且实现了按订单生产(Built to order,BTO)和在线交付流程。在八百客的 PaaS 开发平台上,用户无须编程就可以开发任何企业管理软件,如 CRM、OA、HR、SCM、进销存管理等,而且不需要其他软件开发工具就可以立即在线运行。

大体上来看, PaaS 的实现分为两种:一种是以虚拟机为基础的,代表是 AWS;一种是以容器为基础的,代表则是 GAE、CloudFoundry 和 Heroku。

AWS 是基于虚拟机技术来打造自己的 PaaS 平台。

具体而言,AWS 打造 Beanstalk 是基于以下构件。

首先是负载均衡层(Elastic Load Balance,ELB),该层将用户的请求发送到对应的服务器实例,同时,当应用实例出现扩容时,负载均衡层需要动态将调整的服务器实例注册到对应的域名上,以实现分流;中间是 Web 服务器层,目前 ElasticBean 支持 Java、Python 和 PHP 等多种编程语言,为设计开发人员提供了丰富的选择。在服务后端,Beanstalk 在 AWS 本身的服务生态系统基础上,为应用提供所需服务,如 RDS、S3、DynamoDB 等。

CloudFoundry 等平台是基于容器技术打造的。

相比于虚拟机,容器本身的系统开销相当低,比如一台虚拟机的操作系统正常运行需要占用 2 GB 的内存,那么一个由 7 个虚拟机所组成的集群操作系统就需要占用 14 GB 的运行内存。基于容器技术的一台 16 GB 的裸机,除去 2 GB 运行占量,还能够部署 7 个容器进程,所以,从性价比来看,容器技术远远高于虚拟机。另外,性能方面,容器的性能相对而言更好一些。但是,从安全性和隔离性来说,虚拟机要远远好于容器。

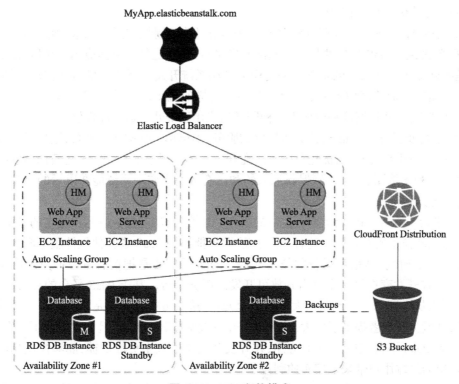

图 4-10　AWS 架构模式

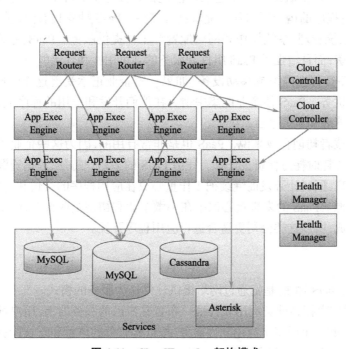

图 4-11　CloudFoundry 架构模式

PaaS 主要有以下三个特点。

（1）平台即服务。PaaS 服务和其他服务最根本的区别是"授之以渔"而不是"授之以鱼"。简单来说，PaaS 提供的是一个基础开发平台，而不是某项具体应用。在传统观念中，平台是向外提供一切服务的基础。平台作为应用系统开发部署的基础，是由应用服务提供商建立和运行维护的，而 PaaS 服务彻底颠覆了这样的观念，由专门的平台服务提供商搭建和运维基础平台，并且把该平台作为一种服务向应用系统开发运营商提供。

（2）平台及服务。PaaS 运营商所提供的服务，不单单是基础运维平台，还包括平台专门的技术支持、应用系统开发、优化等服务。在开发新的应用系统时，PaaS 运营商会安排专门的技术咨询和支持团队介入，确保新加入的和已有的所有应用系统能在以后的运营中实现长期而稳定的运行。

（3）平台级服务。PaaS 运营商提供的服务，其背后是功能强大且运行稳定的基础平台，配备有专业的技术支持团队。这种"平台级"服务能够为 SaaS 或其他软件服务商的各种应用系统提供长时间、高稳定运行的技术支持。PaaS 的实质是把信息资源抽象出可编程接口，为第三方开发商提供一个自由开放可开发的服务平台。基于 PaaS 平台的支持，云计算开发者可以从中源源不断地获取大量可编程元素，这些可编程元素是已经具备了具体业务逻辑的，这就为开发者提供了极大便利，不但开发效率显著提高，而且大大降低了开发成本。同时，得到 PaaS 平台支持的 Web 应用，在开发和运维过程中更加敏捷，能够快速响应用户的需求，也为终端用户带来了切实的利益。

PaaS 已经有了一定的发展，这是一种用来开发和部署应用程序的高效既定模式，是云计算系统提供的一套实用工具。它的主要功能是把软件开发平台作为一种服务对外部用户提供，为各类应用程序的运行所需环境提供良好支持。PaaS 抽象且有效地执行物理资源分配任务，为生态系统管理、系统操作和网络配置等工作提供服务。PaaS 还促进了资源扩展自动化和负载平衡，而且增强了 PaaS 组件和服务的高可用性和容错能力。

"把应用程序迁移至网络或移动设备"如果一家企业正承受着这样的压力，那么 PaaS 刚好具有这样的优势。PaaS 使企业能集中精力在他们开发和应用的程序上，而不用花费大量时间和资本在管理和运维平台系统上。

就小微企业或者初创企业来说，PaaS 也是非常有用的，因为这些企业还没有高依赖性的旧应用程序需要耗时耗力耗资去迁移。凭借 PaaS 的多租户特征，数据资源和应用程序可以实现大规模共享，同时让开发商继续把工作重心放在应用程序的交付和连接上，不必开发和支持数据库资源。PaaS 的未来重心似乎在小微企业和初创企业身上，由于无须考虑与旧应用程序进行集成，所以这类公司更适合进行应用程序开发。

3. SaaS

软件即服务（SaaS）指的是把通过网络提供软件作为服务的模式。

SaaS 平台供应商把各种类应用软件统一布置在自己的服务器上，用户可以根据实际工作需要，向厂商订购一个或多个应用软件服务，按订购服务的体量和时长计费支付，SaaS 平台供应商通过互联网向其交付服务。

SaaS 有三种付费模式：免费、付费和增值。一般情况下是"全包"费用，所谓"全包"，就是包括了通常的应用软件许可证费用、软件维护费用以及技术支持费用等,加起来也就是每个用户的"月租"。

　　SaaS 是在互联网技术高速发展和应用软件逐渐成熟的基础上,新兴的一种具有颠覆性的创新的软件应用模式。传统模式下,供应商通过软件许可证(License)将软件产品交付给客户终端。SaaS 定义了一种新的交付模式,更加凸显出软件的服务本质。企业部署信息化软件的根本目的,是提升自身的运营管理服务,软件的表象是业务流程的信息化,归根结底还是一种服务模式, SaaS 改变了传统的软件服务提供模式,大大降低了前期部署所需的大量人力物力投入。可以预见,SaaS 将成为未来软件市场的重要交付模式。

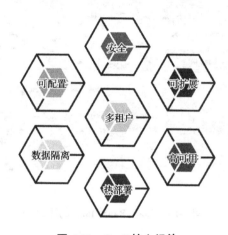

图 4-12　SaaS 核心组件

SaaS 具有以下特性。

　　(1)互联网(Internet)特性。首先,SaaS 服务的提供方式是用 Web Services/Web2.0 程序或者互联网浏览器进行连接,使得 SaaS 应用具备了典型的互联网特征;其次,由于 SaaS 在时间和空间上极大程度地缩短了用户与 SaaS 提供商之间的距离,从而使 SaaS 服务的营销和交付模式不同于传统软件。比如,美国 NetSuite 推出的在线 ERP、在线 CRM 等模块产品都是基于互联网的。这样做的好处在于不必投入任何硬件建设费用,也不用请专门的运维系统工作人员,只要有浏览器就可以使用 ERP、CRM 系统。交付的便捷、使用的便利、价格的低廉都得益于 SaaS 的互联网特性。

　　(2)多重租赁(Multi-tenancy)特性。SaaS 服务一般是基于一套标准软件系统为无数不同租户提供服务的。这就对支持不同租户之间数据配置的隔离提出了要求,要保障每个租户个人数据信息的隐私与安全,满足用户对界面布局、数据信息结构、业务逻辑等方面的个性化需求。由于 SaaS 支持多个租户同时使用,每个租户又面临很多终端用户,这对软件基础设施平台的性能提出了很高的要求。作为一种具有互联网特性的交付模式,SaaS 架构师的核心任务就是优化软件应用后的性能和运营成本。

　　(3)服务(Service)特性。以互联网为载体的软件服务形式被客户接纳并广泛使用,很多问题都必须加以考虑,如服务合约如何签订、服务使用如何计量、在线服务质量如何保障和服务费用如何收取等,而这些问题往往是传统软件交付方式未曾考虑过的。

（4）可扩展（Scalable）特性。所谓可扩展，就是最大限度提高系统的并发性，更高效地使用系统资源。比如，优化资源锁的持久性，使用无状态的进程，使用资源池来共享线和数据库连接等关键资源，缓存参考数据，为大型数据库分区。

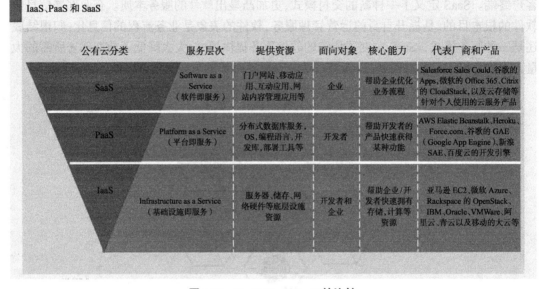

IaaS、PaaS 和 SaaS

公有云分类	服务层次	提供资源	面向对象	核心能力	代表厂商和产品
SaaS	Software as a Service（软件即服务）	门户网站、移动应用、互动应用、网站内容管理应用等	企业	帮助企业优化业务流程	Salesforce Sales Could、谷歌的 Apps、微软的 Office 365、Citrix 的 CloudStack，以及云存储等针对个人使用的云服务产品
PaaS	Platform as a Service（平台即服务）	分布式数据库服务、OS、编程语言、开发库、部署工具等	开发者	帮助开发者的产品快速获得某种功能	AWS Elastic Beanstalk、Heroku、Force.com、谷歌的 GAE（Google App Engine）、新浪 SAE、百度云的开发引擎
IaaS	Infrastructure as a Service（基础设施即服务）	服务器、储存、网络硬件等底层设施资源	开发者和企业	帮助企业/开发者快速拥有存储、计算等资源	亚马逊 EC2、微软 Azure、Rackspace 的 OpenStack、IBM、Oracle、VMWare、阿里云、青云以及移动的大云等

图 4-13　SaaS、PaaS、IaaS 的比较

三、云计算服务的发展态势

目前，全球云计算市场正保持稳定增长态势。随着各大 IaaS 供应商的年增长率有所下降，云计算的风向标转向 PaaS、SaaS。

据 Gartner 统计结果显示，IssA 的市场规模从 2020 年的 643 亿美元到 2021 年的 909 亿美元，同比提高了 41.4%。其中，前五名 IaaS 提供商占据了 80% 以上的市场份额。从具体数据来看，第一名依旧是亚马逊，其次是微软、阿里巴巴、谷歌和华为。

我国公有云 IaaS 市场发展成熟，增长迅速。2019 年，我国公有云 IaaS 市场规模达到了 453 亿元，同比增长了 67.4%，由于 2020 年国务院将云计算基础设施建设定义为"新基建"，受政策影响，预计公有云 IaaS 市场会持续维持高速增长。市场份额方面，我国公有云 IaaS 市场集中度比较高，2019 年，阿里云、天翼云、腾讯云占公有云 IaaS 市场份额前三，分别为 36.7%、12.8%、11.4%，光环新网与华为云处于第二集团合计 14.8%。

我国公有云 PaaS 市场起步较晚但发展迅速。据中国信息通信院统计，2018、2019 年，我国公有云 PaaS 市场规模分别为 22 亿元、42 亿元，同比增长 87.9%、92.2%。市场份额方面，据互联网数据中心（Internet Data Center，IDC）统计，2019 年，阿里云、AWS、腾讯云、百度云、华为云位于公有云 PaaS 市场前列，市场份额分别为 37.3%、12.7%、11.7%、4.4%、4.1%。

国外 SaaS 市场模式成熟，覆盖领域广泛。SaaS 是云计算中最大的细分市场，大多创新型 SaaS 服务商专注于解决企业管理或者运营服务中某一环节的难题，凭着对其服务领域的深入研究以及其专业性在过去 10 年左右的时间里快速成长,成为相关细分垂直领域的独角兽。SaaS 服务涵盖行业应用、电子合同、客服管理、财务管理等多个领域。

我国公有云 SaaS 市场发展与全球整体水平相比仍有一定差距,但未来发展潜力巨大。2019 年,我国公有云 SaaS 市场规模达到 194 亿元,比 2018 年增长了 34.2%,增速较稳定,与全球整体市场(1 095 亿美元)的成熟度差距明显。目前中国的 SaaS 行业已经形成了三大阵营,包括创业公司、互联网巨头和进行云转型的传统软件公司。其中,创业公司、传统软件公司更多地参与相对细分的市场以获取壁垒。而互联网公司更多地从即时通信(Instant Messaging,IM)协同功能入手打造平台化的生态系统,在自己核心应用的基础上重点发展第三方应用的开发,培育移动办公应用生态圈。其中,传统 SaaS 服务商以用友、金蝶、麦达数字为代表,创业阵营以北森、销售易等为代表,在各细分领域已崭露头角。

第三节　云计算的主要技术及应用

云计算是分布式处理、并行计算和网格计算等概念的发展和商业实现,其技术实质是计算、存储、服务器、应用软件等 IT 软硬件资源的虚拟化,云计算在虚拟化、数据存储、数据管理、编程模式等方面具有自身独特的技术。

一、云计算的关键技术

云计算的几项关键技术如下。

1. 虚拟机技术

虚拟机,也就是服务器虚拟化,是云计算底层架构的重要基础。在服务器虚拟化中,虚拟化软件的主要功能有:对硬件的抽象化、资源的分配调度和管理、虚拟机与宿主操作系统及多个虚拟机间的隔离等。虚拟化软件有 Citrix Xen、VMware ESX Server 和 Microsoft Hype-V 等。

2. 数据存储技术

云计算系统需要同时处理大量用户的请求,并行地为大量用户提供服务。所以,云计算的数据存储功能一定要实现分布式、高吞吐率和高传输率。目前数据存储技术主要有 Google 的 GFS(Google File System,是非开源的)以及 HDFS(Hadoop Distributed File System,是开源的),目前这两种技术已经成为事实标准。

3. 数据管理技术

云计算的特点是对海量数据进行存储、读取和分析。提高数据的更新速率和随机读速率,是数据管理技术未来需要重点解决的问题。比如,云计算的数据管理技术中最著名的是谷歌的 BigTable 数据管理技术,同时 Hadoop 开发团队正在开发类似 BigTable 的开源数据管理模块。

4. 分布式编程与计算

为了让使用者能够更加便捷地享受云计算带来的服务,让使用者能够使用该编程模型编写简单的程序,云计算的编程模型必须简洁明了,且必须保证后台复杂的并行任务和调度向用户和编程人员公开。

5. 虚拟资源的管理与调度

通过整合物理资源形成资源池,是云计算和单机虚拟化技术的主要区别。通过资源管理层(管理中间件)可以实现对资源池中虚拟资源的管理和调度。云计算的资源管理工作具体包括资源管理、任务管理、用户管理和安全管理等,此外还有屏蔽节点故障、监视资源状况、调度用户任务、管理用户身份等。

6. 云计算的业务接口

为了实现将用户业务由传统 IT 系统向云计算环境迁移,云计算面向用户提供统一的业务接口。业务接口的统一不仅便于用户业务向云端的迁移,也会使用户业务在云与云之间的迁移更加容易。在云计算时代,SOA 架构和以 Web Service 为特征的业务模式仍是业务发展的主要路线。

7. 云计算相关的安全技术

云计算模式同时存在一些安全问题,包括用户隐私保护、用户数据备份、云计算基础设施防护等。解决这些问题都需要更先进的技术手段乃至法律手段。

二、云计算的主要应用

较为简单的云计算技术已经普遍服务于当今的互联网中了,最为常见的就是网络搜索引擎和网络邮箱。搜索引擎大家最为熟悉的莫过于谷歌和百度,在任何时刻,只要用移动终端就可以在搜索引擎上搜索自己想要的资源,还可以通过云端共享数据资源。网络邮箱也是如此,在过去,寄写一封邮件是一件比较麻烦的事情,同时过程很慢,而在云计算技术和网络技术的推动下,电子邮箱已经成为社会生活中的一部分,只要在网络环境下,就可以实现实时的邮件寄发。其实,云计算技术已经融入现今的社会生活中了。

1. 存储云

存储云,又称云存储,是基于云计算发展起来的新兴存储技术。云存储是以数据存储和管理为核心功能的云计算系统。用户可以将本地资源上传到云端,然后就可以随时随地通过网络来获取云上的资源。谷歌、微软等大型网络公司都推出了云存储的服务,在国内,百度云和微云则是市场占有量最大的存储云。云存储向用户提供的服务主要有存储容器服务、备份服务、归档服务和记录管理服务等,为使用者管理资源提供了极大便利。

2. 医疗云

医疗云,是指在云计算、移动技术、多媒体、5G通信、大数据以及物联网等新技术基础上,结合医疗技术,使用云计算来构建医疗健康服务平台,有效扩大医疗资源共享范围,提高医疗机构效率,方便居民就医的技术。医院的预约挂号、电子病历、医保等都是云计算与医疗领域结合的产物,医疗云还具有数据安全、信息共享、动态扩展、布局全国的优势。

3. 金融云

金融云,是指运用云计算,将信息、金融和服务等功能分散到互联网"云"中,为金融机构提供"云"处理和运行服务,同时共享网络资源,从而解决现有问题并达到高效、低成本的目标。因为金融与云计算的结合,现在只需要在手机上进行简单的操作,就可以完成银行存款、购买保险和基金买卖等。

4. 教育云

教育云,是指教育信息化。具体来说,教育云可以将任何教育硬件资源抽象化,然后将其上传到网络,以向教育机构和师生提供一个方便快捷的教育云平台。现在流行的慕课(MOOC)就是教育云的一种应用。现阶段慕课的三大优秀平台为Coursera、edX以及Udacity,在国内,中国大学MOOC也是非常好的平台。2013年10月10日,清华大学推出MOOC平台——学堂在线,许多大学现已使用学堂在线开设了一些课程的MOOC。

图 4-14　慕课三大优秀平台

5. 游戏云

比较大型的手游或网页游戏都需要比较高的配置才能流畅运行,而云计算的发展为用户解决了这一问题。游戏云将游戏运行迁移到云服务器上,用户只需要一个能接收画面的设备和畅通的网络就能尽情享受游戏带来的快感。

6. 音乐云

随着用户的增多和音乐市场的扩大,对音乐设备的容量要求也越来越大。不管是手机还是其他数码设备,存储问题一直是音乐设备的"痛点",用户总会因为容量不够导致不能听到想听的音乐。音乐云的出现解决了这一问题,无须下载音乐文件就可以享受到想要听的任何音乐,云计算服务提供的"云"承担了存储任务。

7. 导航云

在全球定位系统(Global Positioning System,GPS)出现和普及之前,每到一个地方,都需要一张当地地图。而现在,只需要一部手机,就可以拥有一张能无限放大的全世界地图,甚至还能够得到纸质地图上得不到的信息,如交通路况、天气状况等。这些信息并不需要储存在手机中,而是储存在服务提供商的"云"中,只需在手机上按一下,就可以很快找到所要找的地方。

8. 在线办公

自从云计算技术出现以后,办公室的概念逐渐模糊。任何一个有互联网的地方都可以是办公室,都可以同步办公所需要的文件,甚至与同事之间的团队协作也可以通过云计算技术提供的服务来实现。

9. 电子商务

如今,电子商务已经融入生活中的每一个场景,电子商务不仅仅应用在生活中,企业之间的各种业务往来也越来越依靠电子商务来进行。而这些简单操作过程的背后往往涉及大量数据的复杂运算,这些计算都是在云计算服务提供商提供的"云"中完成,现在只需要简单的操作,就可以完成复杂的交易。

三、云计算与大数据

云时代深入发展,大数据受到的关注度也越来越高,大众普遍认为:大数据是形容一个公司所创造的规模庞大的半结构化和非结构化数据。大数据分析往往和云紧密联系,因为要想对大型数据集进行实时分析,就需要有类似 MapReduce 一样的框架来向数十、数百甚至数千台计算机分发任务。想高效处理大量数据,就需要借助更多特殊的技术,包括高性能的并行数据库、数据库中的知识挖掘、分布式文件系统、分布式数据库、云计算平台、互联网和可扩展的存储系统。

云计算的功能有如下几个方面。

(1)云计算的主要功能就是整合。无论采用什么数据分析模型,哪种运算方式,都是通过网络把巨量的数据信息进行整合,整理出有效信息,并将其按需交付给每个客户,解决了用户因存储空间不够所带来的不便。大数据是因数据爆发式增长而衍生出来的一个发展方向,研究重心是存储方式和有效分析。

(2)云计算是大数据分析的前提。进入信息化时代,数据量在井喷式地增长。大部分企业逐渐开始利用大数据来获得额外收益。但如果数据信息的获取、处理和使用成本超过了数据的本身的价值,那大数据分析也就没有意义了。云计算能力越加强大,就越能降低数据从提取到使用这整个过程中的成本。

(3)云计算能够筛选过滤掉无用信息。其实,大数据收集的所有数据信息中,大部分都是没有利用价值的,因此需要筛选出对企业发展有用的信息。云计算可以提供存储资源,并且可以按需拓展,企业可以用这些存储资源来过滤掉无用信息,这是处理外部大数据最好的选择。

(4)云计算助力企业虚拟化建设。企业引入云计算技术,决策时可以用从大数据中获得的信息来进行分析和指导,通过在云平台中应用各类服务软件,还可以把数据引入企业已有的系统中,帮助企业完善经营模式和管理方法。上升到我国互联网整体发展的层面来说,云计算进入企业,不仅能使企业在全球市场更具竞争力,还能让大数据分析更加普及,二者相互推动取得更大发展。

1. 云计算与大数据的区别

简单来说,云计算的工作重心是资源分配,其本质是硬件资源的虚拟化,而大数据的主要工作是发掘数据中的有效信息,并对海量数据进行高效处理。也就是说,云计算的处理对象是互联网资源和应用等,而大数据的处理对象是数据。云计算是一种网络资源的虚拟资源手段,而大数据是一种信息资产。

可以说,大数据相当于互联网中巨量数据的"仓库",纵观大数据的发展可以发现,大数据的发展方向其实近似于传统数据库,也就是说,传统数据库给大数据的发展提供了足够深厚的基础。

大数据的总体架构包括三层:数据存储、数据处理和数据分析。数据先要通过存储层进行存储,然后根据用户对数据的需求来建立相应的数据模型和数据分析指标,对数据进行筛选分析使数据产生价值。而中间的时效性,又通过中间数据处理层提供的并行计算和分布式计算能力来保障。三者相互配合,让大数据产生最终价值。

可以预见,云计算未来的发展趋势是云计算这种"计算资源"作为底层,支撑着上层的大数据处理,而大数据未来的研发重点是实时交互式的查询效率和分析能力。

2. 云计算与大数据的联系

大数据和云计算有很多不同,二者之间又存在密切联系。大数据和云计算其实没有必然联系,可以用云计算,自然也可以不用。从技术层面上分析,云计算和大数据的关系可以理解为一枚硬币的正反面。仅仅用单台计算机无法处理庞杂的大数据,那就必须采用分布式架构。分布式架构的主要优势体现在对海量数据进行分布式数据挖掘上,但前提是它必须依托于分布式数据库、分布式处理、云储存技术、虚拟化技术。

有一点不变的是,不管云计算在发展中如何演进,都离不开数据中心。可以这样理解,云计算是数据中心的"叶子",数据中心通过叶子进行"光合作用",而数据中心的成长又为云计算提供了源源不断的"养分",二者相互依存,相互促进,共同发展。

第五章　环保云概述

第一节　环保云行业分析

环保云平台利用先进的计算机技术以及自动化、云计算、物联网、大数据分析等关键技术,对前端监测站点的数据进行统计、分析和管理,对仪器运行状态进行远程监控、管理和维护,是智慧城市环境质量信息化管理体系的重要组成部分。环保云的主要功能包括对环境中大气、水、固体废弃物的实时监测,数据传输、接收、存储、处理、分析、GIS 展示,污染源快速定位,快速调取最近国控点数据进行比对,双点位比对分析,对平台中所有站点数据进行排名分析。整体而言,前端仪器实时监测,通过互联网将数据传输回服务器进行统计分析,从而在监管区域内对空气质量进行多方面、无死角的把控,为空气质量的精准治理和决策提供可视化的科学支撑。

一、行业背景与研究意义

随着全球经济的快速发展,我国正处于发展加速期、结构调整期、改革攻坚期,未来我国如何在资源有限、环境约束下,取得经济社会的跨越式发展是当前环保人的一个重大挑战。全国各个省份都将秉承信息强环保的理念,将环境保护这一历史任务与云计算、大数据等新兴技术结合起来,打造环境保护工作体系内的"环保云",构建随需建设的环境信息化机制,创新环境管理的工作思路,实现数据信息整合、业务整合,快速提升全国环保监管水平、服务水平、决策水平、互动水平。同时,规划借助"云"的环保产业模式,探索市场主导+政府引导的前期建设和后期运营模式,为实现环保产业全生态链整合奠定基础,推动全国环保产业的发展。与此同时,各地环保工作单位在多年的工作中已积累多套信息系统,但是由于系统建设不同、采用技术不同,造成信息不共享而形成信息孤岛;服务器独占使用,竖井式建设,造成资源利用率严重不足;早期容灾备份建设不到位,存在单节点故障等。鉴于以上种种原因,亟须通过"环保云"的建设来提高环境保护信息化资源的使用效率,有效整合系统,提供应用弹性,提升业务可持续性。

二、项目示范价值

通过"环保云"的建设,可以构建全国环境信息化基础软硬件设备随需建设的机制示范,并且综合利用云计算、物联网、空间信息、数据挖掘等先进技术,可以将全国各地环境信息化应用基于云计算平台进行迁移并应用,有效实现环境数据整合、业务整合,打造云平台与环境信息化的整合应用示范。

"环保云"基于云计算平台,面向全国各地政府部门,建设环境信息化数据应用平台,将为全国各省跨地区、跨部门、跨行业提供环境数据信息,大大提高对海量环境自动监控数据、环境地理信息数据的处理和分析能力,满足各政府部门对环境信息的需求,为政府提供环境保护方面的决策依据,最终形成政府部门对环境数据的共享和应用示范。

三、建设目标

通过"环保云"建设,将环境自动监控与地理信息化平台向政务云平台进行迁移,这将大大提高跨地区、跨部门的海量环境自动监控数据、地理信息数据的处理能力,从而实现面向政府部门及时公开、权威发布环境自动监控数据以及地理信息数据。本项目将坚持"互通、开放、安全"的要求,以"数据是基础、应用是核心、产业是目的"为原则进行建设,通过技术创新探索商业模式、环境管理模式、社会治理模式的创新,具体目标如下。

(1)通过"环保云"迁移工作,实现数字环保监控平台项目的稳定运行,构建随需建设的机制,实现数据整合、业务整合,快速提升地域环保监管水平、服务水平、决策水平、互动水平。

(2)建设"环保云"电子政务外网展示平台,通过对关键数据、信息、应用的接入、提取和有效整合,结合信息化系统与决策技术,分析并展示各地域的环境质量及污染源管理信息,结合表格、图形、地图等形式展示综合的水环境、大气环境、固体废弃物以及相关联的各方面环境信息,大大提高跨地区、跨部门的海量环境监控与空间信息的共享处理能力,探索环境保护信息化系统的"云上模式"。

(3)通过"环保云"的集中、共享特性,探索"环境保护"与"云计算""物联网"与"大数据"的结合以及各地域环境信息应用的共享机制,并在项目中不断探索"环保云"建设完成后的商业模式、环境管理模式、社会治理模式。

四、技术路线

整个项目的开发,在技术路线的选择上都采用目前的先进技术并结合用户的相关需求来开发,具体技术路线如下。

(1)技术路线:软件平台采用.Net 技术路线。

(2)系统架构:采用浏览器/服务器(Browser/Server, B/S)体系架构进行部署,遵循 SOA 规范与标准。

(3)开发模式:依托 ESRIArc GIS 软件产品进行开发建设,浏览器端开发采用 Flex,三维平台采用 SkyLine,数据库平台采用 SQL Server。

(4)原则要求:以各地域环保厅以及政务云平台实际需求为主要原则,系统须同时满足易用性、稳定性、灵活性、安全性、开放性、标准性、兼容性等要求。

(5)网络环境:基于国家电子政务外网进行部署与运行。

五、具体分析

环保云可以实现环境保护业务系统的整合,更加精细化更加动态化地实现环境管理和智慧决策。环保云是"数字环保"概念的延展,环保云能够将环境信息化所涉及的各个方面进行全面的统筹、分析和使用,向环境管理业务提供模拟、分析和预测的功能,可以解决当前环保行业业务系统建设的遗漏及偏失问题。环保云的总体架构包括感知层、传输层、智慧层和服务层。

1. 感知层

感知层充分利用所有能感知、测量、捕获、传递数据信息的设备或系统,实现对环境因素的"更透彻的感知",包括环境质量、生态状况、污染源、辐射等。

2. 传输层

传输层结合 5G 以及卫星通信等现代科技,利用环保专网或者运营商网络,实现环境信息的交互和共享,包括个人电子设备、组织或政府的信息系统中的信息,实现"更全面的互联互通"。

3. 智慧层

智慧层依托虚拟化、云计算、高性能计算等技术,整合、分析、处理巨量的环境数据信息,实现规模存储、高效处理、深度挖掘和模型分析,实现"更深入的智能化"。

4. 服务层

服务层利用"云服务"的形式,构建面向用户的信息门户和业务系统,为环境保护、污染防治、辐射监控等业务提供"更智慧的决策"。

第二节　环保云市场分析

一、政策利好

近年来,我国环境问题越来越严峻,大气污染、水资源污染、海洋污染、生态平衡破坏、垃圾处理等环境问题已经严重威胁到人们的生活。面对日益突出的环境问题,政府以及各环保组织出计献策开展多项行动以求抑制环境继续恶化。如今,我国智慧环保产业迎来全新局面,数据显示,2016 年我国智慧环保相关企业不到 1 000 家,2020 年达到 3 192 家,同比增长 12.0%。仅 2021 年上半年,我国智慧环保相关企业新注册量就超过 1 500 家。

中国"十四五"规划纲要提出:坚持生态优先、绿色发展,推进资源总量管理、科学配置、全面节约、循环利用,协同推进经济高质量发展和生态环境高水平保护。这为智慧环保的发展指明了方向,可以预见,在"十四五"时期,我国会继续加快发展方式绿色转型,助力智慧环保快速发展。在新发展格局下,智慧环保产业在政策方面已经从播种阶段进入深耕阶段。

2022 年国务院政府工作报告中明确指出,2022 年我国生态环境质量要持续改善,主要污染物排放量要继续下降。

国务院印发《"十四五"节能减排综合工作方案》的通知,部署了十大重点工程,包括城镇绿色节能改造工程、农业农村节能减排工程、重点区域污染物减排工程、煤炭清洁高效利用工程、挥发性有机物综合整治工程等。

生态环境部印发《"十四五"生态保护监管规划》的通知,提出到 2025 年,完善生态保护监管政策制度和法规标准,初步建立全国生态监测监督评估网络。

国家发改委、国家能源局印发《"十四五"现代能源体系规划》的通知,指出我国能源安全保障进入关键攻坚期,能源低碳转型进入重要窗口期,现代能源产业进入创新升级期。

表 5-1　近几年环保相关政策

发布时间	发布单位	政策名称	主要内容
2022 年 5 月	国务院	《关于新污染物治理行动方案》	坚持科学评估、精准施策、科学评估在产在用化学物质的环境风险,精准识别环境风险较大的新污染物,针对其产生环境风险的主要环节,采取源头禁限、过程减排、末端治理的全过程环境风险管控措施;坚持标本兼治,系统推进,"十四五"期间,系统构建新污染物治理长效机制,形成贯穿全过程、涵盖各类别、采取多举措的治理体系,统筹推动大气、水、土壤多环境介质协同治理。到 2025 年,完成高关注、高产(用)量的化学物质环境风险筛查,完成一批化学物质环境风险评估;动态发布重点管控新污染物清单;对重点管控新污染物实施禁止、限制、限排等环境风险管控措施;有毒有害化学物质环境风险管理法规制度体系和管理机制逐步建立健全,新污染物治理能力明显增强
2022 年 1 月	国家发展改革委、国家能源局	《"十四五"现代能源体系规划》	能源储备体系更加完善,能源自主供给能力进一步增强。能源资源配置更加合理,电力协调运行能力不断加强。新能源技术水平持续提升,新型电力系统建设取得阶段性进展,安全高效储能、氢能技术创新能力显著提高,减污降碳技术加快推广应用。人民生产生活用能便利度和保障能力进一步增强,电、气、冷、热等多样化清洁能源可获得率显著提升,天然气管网覆盖范围进一步扩大。城乡供能基础设施均衡发展,城乡供电质量差距明显缩小
2022 年 1 月	生态环境部、国家发展改革委、自然资源部、住房和城乡建设部、交通运输部、农业农村部、中国海警局	《重点海域综合治理攻坚战行动方案》	到 2025 年,三大重点海域水质优良(一、二类)比例较 2020 年提升 2 个百分点左右,入海排污口排查整治稳步推进,主要河流入海断面基本消除劣V类,滨海湿地和岸线得到有效保护,海洋环境风险防范和应急响应能力明显提升,形成一批具有全国示范价值的美丽海湾
2022 年 1 月	生态环境部、农业农村部、住房和城乡建设部、水利部、国家乡村振兴局	《农业农村污染治理攻坚战行动方案(2021—2025 年)》	(1)加快推进农村生活污水垃圾治理。分区分类治理生活污水,加强农村改厕与生活污水治理衔接,健全农村生活垃圾收运处置体系,推行农村生活垃圾分类减量与利用。(2)开展农村黑臭水体整治。明确整治重点,系统开展整治,推动"长治久清"。(3)实施化肥农药减量增效行动。深入推进化肥减量增效,持续推进农药减量控害。(4)深入实施农膜回收行动。落实严格的农膜管理制度,加强农膜生产、销售、使用、回收、再利用等环节的全链条监管,持续开展塑料污染治理联合专项行动。(5)加强养殖业污染防治。推行畜禽粪污资源化利用,严格畜禽养殖污染防治监管,推动水产养殖污染防治

发布时间	发布单位	政策名称	主要内容
2022年1月	国务院	《关于"十四五"节能减排综合工作方案》	构建新发展格局,推动高质量发展,完善实施能源消费强度和总量双控、主要污染物排放总量控制制度,组织实施节能减排重点工程,进一步健全节能减排政策机制,推动能源利用效率大幅提高、主要污染物排放总量持续减少,实现节能降碳减污协同增效、生态环境质量持续改善,确保完成"十四五"节能减排目标,为实现碳达峰、碳中和目标奠定坚实基础
2021年12月	生态环境部	《关于开展工业固体废物排污许可管理工作的通知》	依法逐步将产生工业固体废物单位(以下简称产废单位)的工业固体废物(以下简称工业固废)环境管理要求纳入其排污许可证
2021年10月	国务院	《地下水管理条例》	规定了建立地下水"双控"、地下水取水计量、地下水资源税费征收等制度,明确了严格地下水取水许可申请条件、防止地下工程建设不利影响、禁止开采难以更新地下水等措施,推动节约、保护地下水。规定了划定地下水污染防治重点区,严格地下水污染管控的措施。规定建立国家地下水监测站网和地下水监测信息共享机制,强化对矿产资源开采和地下工程建设疏干排水、需要取水的地热能开发利用项目的监管措施。对超采、污染地下水行为,规定了严格的法律责任
2021年8月	生态环境部	《关于加快解决当前挥发性有机物治理突出问题的通知》	深入打好污染防治攻坚战,强化细颗粒物和臭氧协同控制,加快解决当前挥发性有机物治理存在的突出问题,推动环境空气质量持续改善
2021年6月	生态环境部中央文明办	《关于推动生态环境志愿服务发展的指导意见》	鼓励各地组建多种类型的生态环境志愿服务组织,有条件的地方可建立生态环境志愿服务联合会等行业组织。加强对生态环境志愿服务组织的培育扶持,通过政策引导、重点培育、项目资助等方式,建设一批枢纽型、支持型、社会影响力强的生态环境志愿服务组织。支持生态环境志愿服务组织通过承接公共服务项目、积极参加公益创业和公益创投、争取政府补贴与社会捐赠等多种途径,妥善解决志愿服务运营成本问题,增强组织造血功能
2021年6月	工业和信息化部、科技部、财政部、商务部	《汽车产品生产者责任延伸试点实施方案》	实施绿色供应链管理。汽车生产企业应建立绿色供应链管理体系,将绿色供应链管理理念纳入企业发展战略规划。开展绿色选材,落实材料标识要求,在保证汽车安全、性能要求等前提下,使用再生原料、安全环保材料,研发推广再生原料检测和利用技术,提升汽车的可回收利用率。推行绿色采购,建立绿色零部件和绿色供应商评价机制。加强绿色产品研发,增加低油耗、低排放及新能源汽车生产比例,加快推进整车及零部件轻量化技术研究与应用。强化生产,采用绿色包装,降低汽车产品生产过程中的能源消耗,减少废弃物和污染物的产生,开展生产废料和副产品的回收利用及无害化处理

续表

发布时间	发布单位	政策名称	主要内容
2021 年 5 月	国家发展改革委、住房城乡建设部	关于印发《"十四五"城镇生活垃圾分类和处理设施发展规划》的通知	到 2025 年年底,全国城市生活垃圾资源化利用率达到 60% 左右;到 2025 年年底,全国生活垃圾分类收运能力达到 70 万吨/日左右,基本满足地级及以上城市生活垃圾分类收集、分类转运、分类处理需求,并鼓励有条件的县城推进生活垃圾分类和处理设施建设;到 2025 年年底,全国城镇生活垃圾焚烧处理能力达到 80 万吨/日左右,城市生活垃圾焚烧处理能力占比 65% 左右
2021 年 1 月	生态环境部	《关于统筹和加强应对气候变化与生态环境保护相关工作的指导意见》	加快推进应对气候变化与生态环境保护相关职能协同、工作协同和机制协同,加强源头治理、系统治理、整体治理,以更大力度推进应对气候变化工作,实现减污降碳协同效应,为实现碳达峰目标与碳中和愿景提供支撑保障,助力美丽中国建设

二、社会资本涌入

2021 年,我国生态环保相关企业注册累计超过 93.7 万家,仅 2021 年新增注册企业就超过 35.9 万家,增速 66.35%。就 2021 年我国环保行业中上市企业的营业收入排行榜来看,首创环保、中国天楹、浙富控股、盈峰环境、瀚蓝环境、龙净环保、碧水源、启迪环境、洪城环境、高能环境进入营收排行榜前十。

其中,首创环保凭借 222.33 亿元的营业收入排名第一。中国天楹营业收入居第二,为 205.93 亿元;浙富控股营业收入居第三,为 141.35 亿元。

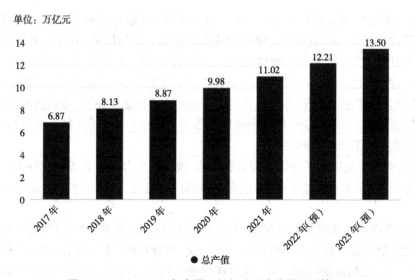

图 5-1　2017—2023 年中国环保行业总产值及预测情况

再看全国环保产业细分,2021 年营业收入增速较大的板块是水务(25%)、固废处理(22%)、环保设备(20%)、环境修复(16%),归母净利润增速较大的板块是大气治理(816%)、水务(21%)、环保设备(15%)。

2022年第一季度各板块营收保持增长态势,收入增速较大的是环境修复(32%)、大气治理(27%)及环保设备(15%),归母净利润中仅有园林和环保设备保持增长,分别增长82%、10%。

三、技术发展驱动

随着互联网技术和信息产业的不断发展,传统环保将持续升级和转型,逐步升级为智能化、信息化的智慧环保。智慧环保综合运用了互联网、物联网、云计算、大数据等传统和新兴技术,在建设多源环境监测网络的基础上,实现污染源监测数据、环境质量监测数据、环境治理相关数据、环境产业相关数据的开放共享,形成"源头防控、过程监管、综合治理"的环保闭环。既符合中国产业结构升级的宏观战略方针,也可充分发挥智慧环保在社会经济、人文等领域的积极作用。随着互联网技术在环保行业的应用不断深化,智慧环保未来发展的需求更加全面,具有切实的市场需求和良好的增长潜力。

第三节　云环保与智慧环保的关系

一、智慧环保平台

伴随着人类社会进入信息时代,从20世纪80年代中期,环境管理信息化开始规模化建设与发展。

进入90年代初期,应我国环境保护工作不断加深的需要,环境信息化开始进入国家信息化领域。

"九五"期间,环境信息化已经历了近二十个年头,并取得了可见的不凡成绩。全国各地级市大都成立了专门的信息化二级单位或兼有信息化建设职能的部门,对环境保护业务应用的不断加深和支撑能力的不断加强,在一定程度上有助于实现环境信息采集、传输和管理的数字化、网络化。近年来,我国环境管理"一体化规划、一体化设计、一体化建设、一体化管理"的理念正在逐步形成,并处在从"数字环保"向"智慧环保"逐步迈进的重要阶段。

随着国家经济的不断发展,环境问题日益凸显,对"信息强环保"提出了更高的要求,环保信息化也暴露出了新的问题。

首先,受到经济发展水平等诸多因素的影响,或多或少存在着各级环境保护部门信息化建设各自为战、管理水平参差不齐、甚至有环保部门信息化匮乏、水平低下或者重复建设等问题。

其次,信息资源共享问题普遍存在,不论是面向公众,还是单位与单位之间,甚至是单位内部各室之间都可能存在信息不同步的问题。就"智慧环保"本身而言,如果仅仅是把感应器嵌入各类环境监测对象(物体)中,通过环保物联网整合起来,而不能将感应设备产生的海量数据有效利用起来,那么就不能在真正意义上实现人类社会和环境业务系统相整合,也不能以更加精细和动态的方式实现环境管理和智慧决策。另外,各地级市产业结构不同,造成了环境管理的颗粒度的差异,这也间接导致了信息共享难和重复性建设等问题。

二、环保云平台

充分发挥环境管理信息化平台的统领作用,努力打造环保行业数据大脑,实现全国环保信息同步共享,共同构建信息化发展的大格局、大体系,是"十四五"期间环境信息化建设的大胆探索,是各地域三级(省、市、县)环境主管部门"环境管理一盘棋"目标实现的重要一步,是"智慧环保"最终得以实现的有力支撑。

环保云平台是为各地域环保部门搭建一个底层平台,把传统线下业务应用迁移到云平台上,将硬件设备建设成资源池,实现各部门之间的信息共享,提高服务效率和服务能力。由于其在安全方面的需求,环保云平台更适合选择私有云。

环保云平台的服务对象以内部机关、环保应用开发组为主,通过多层虚拟技术,实现基础设施统一建设。各级部门根据应用系统的需求,向云管理中心申请计算、存储、管理等服务,充分提高设备利用率,节约硬件投资。在云计算模式下,搭建统一的云平台,计算架构由"服务器+客户端"演变为"云平台+客户端",而这种新型架构,更有利于对信息资源进行集中管理,实现了各级环保业务部门信息的互通和互换,有效降低了信息资源共享的技术难度和成本。

1. 环保云的平台结构

环保云的云计算平台是数据存储、分析与服务平台。环保云数据中心里包含与环保行业相关的各种信息数据,也包含各种异种异构大数据,这些大数据是基于云计算的海量数据存储技术建立起来的。环保云平台上的服务中心主要指环境监测平台、污染源管理系统平台及数据应用等。

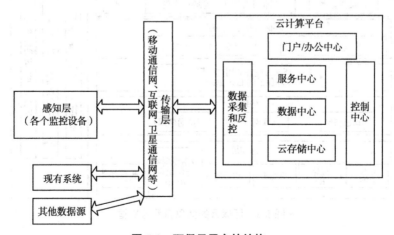

图 5-2　环保云平台的结构

2. 环保云 SOA 架构

SOA 是一种高层架构模型,能够适应将来未知的或者变化的业务需求。SOA 可以很好地在环保云中构建各种各样的云服务。在 SOA 架构中,具体应用程序由统一接口定义的服务所构成,特征表现为松耦合性,它的构件包括服务和服务描述两部分。

3. 环保云的信息资源层次

本着国家信息化的总体要求——国家主导、统筹规划、统一标准、联合建设、互联互通和资源共享,环保云的信息资源层次主要分为 五 层,自下向上依次是感知层、传输层、环保云业务应用支撑层、环保云业务应用层、环保云服务层,且先后顺序有着严谨的逻辑关系,综合在一起,构成了"环保云"的建设核心。

感知层:主要通过各种类型的传感器和感应设备获取环境信息,然后与网络中的其他单元进行信息资源共享和传输,也可以通过执行器对感知结果做出反应,从而实现智能控制整个过程。

传输层:感知层的信息到达传输层后,通过移动通信网、互联网、卫星通信网等基础网络设施进行接入和传输。

环保云业务应用支撑层:在云计算技术的支持下,对获取到的网络内的海量信息资源进行实时管理和控制,包括智能信息处理、信息融合、数据挖掘、统计分析和预测计算,也可以提供环保云所需的各种基础设施和与环保云服务相关的各种开发平台。

环保云业务应用层:根据环保质量要求,构建环境数据库中心和环保云的 SaaS 应用。

环保云服务层:构建面向环保信息系统实际应用的管理平台和运行平台,包括各种环保服务系统。

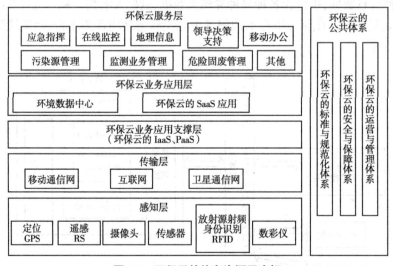

图 5-3　环保云的信息资源层次框

其中,环保云的建设标准与规范化体系在整个项目中起着决定性的支撑作用,体系包括环保云的网络基础设施标准、应用支撑标准、应用标准、信息安全标准和管理规范标准等。环保云的安全与保障体系是环保云正常稳定运行的保证条件,主要包括安全策略和安全技术两个方面。环保云的安全保障体系在各个层面提供机密性、完整性、可靠性、可控性、不可抵赖性等安全服务。安全体系包括安全评估、安全策略、安全防御、安全监控、安全审计和安全响应。环保云的运营与管理体系分为五级结构：中央、省、市、县、排污者，并且具有可扩展性，应用可以根据需求而增加。同时构建高效、合理运维体系，来支持环保相关业务应用顺利、高效的开展，特别是保证各种环境应用数据快速、准确的传输，实现各种网络信息资源的实时共享，确保环保云的稳定、高效运行。这种分层的架构有利于环保云服务各部分和整体的设计、开发和部署，也保证了整个环保云的稳定性、可用性和扩展性，避免了各层具体应用实现的复杂程度，降低了系统应用之间的耦合程度。

4. 支撑平台

环保云提供了软件定义的网络与安全的解决方案，以编程的方式把虚拟网络配置添加到工作负载，然后根据需要，在当前数据中心乃至多个数据中心的任何地方进行放置、移动和扩展，大大简化了操作，实现了资源的高效利用，提高了整个系统的敏捷性。

5. 运维平台

运维平台作为监控管理环保云平台整体性能、容量的入口，可以为管理员提供实时以及中长期的性能管理视图，从而可以了解虚拟化平台上正在发生什么和即将发生什么。管理人员定期查看性能指标以及容量指标，可从源头防止故障的产生，化被动管理为主动管理。

6. 服务管理平台

通过云服务管理平台的建设，将对云平台进行可视化管理、统一监控、统一运维，满足对资源的自助式服务，实现自动化、流程化、标准化的分配和回收。通过统一资源调配、统一运维监控、分级管理模式，可为省环保各个业务及部门或下属环保单位提供隔离的自助式门户和多租户模式。

7. 云安全平台

通过在支撑平台基础上部署第三方安全防护系统，更深层次地保护云平台避免遭遇数据泄露和业务中断的情况，大大降低了运营成本。以多种方式组合使用模块，包括反恶意软件、Web 信誉服务、防火墙、入侵检测和防御、文件完整性监控和日志查询，以确保硬件和虚拟环境中服务器的应用程序和数据的安全。

三、环保云平台具体设计实施

首先，将基础设施云作为平台及各种应用软件的载体，采用 IaaS 模式，最大限度提高硬件利用率；利用云存储（Cloud Storage），提供 DaaS，提高海量环保数据的存储效率和规范化；通过 PaaS 提供操作系统、软件系统，来支持平台提供更高性能、更个性化的环保应用服务；通过通信即服务（Communications as a Service，CaaS）提高环保管理工作人员之间的沟通效率，进而提高部门与部门之间、部门与单位之间、单位与单位之间、单位与企业之间的沟通效率。在 IaaS、DaaS、CaaS 建立起来的基础之上，按照环境管理的具体需求，架构出应用程序云、知识云、算法云及云物联等 SaaS 服务体系，向各级环保部门提供全方位、多层次的环保信息化服务，实现了信息服务的标准化、规范化、通用化。

　　同样,基于政府行政管理部门在信息安全方面的要求,在网络条件允许的情况下,私有云更具优势。私有云是相对于环保专网来说的,其组成类似于公有云,在单位的防火墙内搭建云基础设施与软硬件资源等,以实现为本级和上、下级单位提供信息化服务。公有云和私有云既各自独立又相互结合的"混合云"模式,不仅能够满足各级环保业务部门的各种具体需求,同时也实现了环境管理数据信息的有效积累,无论是通用型数据信息还是个性化数据信息。通过数据交换即可与互联网和其他网络共享数据,从而形成"云"服务,向社会进行政务公开、公众参与等,满足其他部门数据上报、监督管理等要求,例如:各级政府纪检部门,可以利用电子监察系统对环保业务中的行政权力运行进行督查督办。

　　云平台的搭建,构建了串联省、市、县三级的网状环境管理信息化体系,同时,也形成了全方位、多层面覆盖环保业务的"神经网络",是"数字环保"的延伸和发展,也是信息化辅助管理的一种创新性变革。当前环境管理中的诸多问题,在云平台中都能得到很好的解决,具体如下:

　　(1)公有云所提供的服务,让环境管理人员只需一台电脑、一根网线,即可通过"知识云"第一时间了解到最新的环境管理要求;

　　(2)通过"应用程序云"采用最先进、高效的管理手段辅助进行日常工作;

　　(3)通过"云物联"掌握实时环境监测数据;

　　(4)通过"算法云"应用最科学的标准规范。

　　环保云平台不仅有效地解决了有些地市,尤其是县一级环境管理部门没有足够的信息化建设资金的问题,也实现了环境管理制度化和规范化、达成了能力的快速普及、共享,建立了知识反馈的通道,对环境管理业务中各项能力的全面发展、平衡发展,起到了强有力的支撑作用。涉及部门内部处室之间、同级各部门之间或者上下级部门之间信息资源的共享问题,根本的解决方法是:海量环境管理数据的存储和标准化。云存储的工作原理是:运用集群应用、网格技术或分布式文件系统等,对外提供数据存储和业务访问等功能,使用者无须在存储设备空间大小、存放位置等问题上浪费精力。利用云存储,不但解决了环境感知、企业档案、标准规范、法律法规等数据的保存问题,同时,通过建立规范化的数据结构和数据抽取、转换和装载(Extraction Transformation Loading,ETL)接口及服务,形成 SaaS,实现了与各级部门、各类环境业务系统的松耦合集成以及数据的实时、自动化采集与应用。将公有云和私有云混合运用,环境管理中的很多问题都得以解决。各级管理部门能够低价、便利地使用公有云所提供的集约化、标准化、共享式服务,包括基础设施、平台、软件、存储、通信等,同时,也可以根据自身需求构建私有云,在沿用通用化管理模式的同时,从动能的深度和广度上进行开发,并利用公有云与私有云各自提供的"知识云",实现系统内各级的自我和相互学习,从而科学、全面地提升新的环境管理制度、规范等。以行政处罚裁量为例,公有云提供的是国家以及省级法律、法规、各项条例所要求的裁量标准,在这样的标准基础上,各级地市可以根据自身要求进行裁量标准细化和个性化,构建出"私人订制"的私有云行政处罚裁量标准,从而形成自上而下的行政处罚体系。

四、环保云平台建设意义

1. 提高工作效率,降低管理成本

传统环境管理模式一般由省市县各级环保业务部门自建机房,导致大量硬件设备的利用率不高,但运行、维护费用却很高,性价比低。

建设统一的环保云平台,按照各部门业务量整合购置服务器、交换机等硬件设备,可以最大限度提高硬件设备的利用率,降低硬件设备运行和维护的成本,也便于统一管理。通过引入虚拟化技术、云计算技术,可以使环保云平台成为环保各级政府的云计算中心。在传统环境管理模式中,每个单位的机房都需要一定数量的专业人员进行操作和维护等工作,而采用云计算模式,可以节约机房工作人员投入,实现云平台统一建设、统一管理、统一运维。

2. 促进业务协同和信息共享

纵向环保云平台用于垂直管理各部门,目前已经达到较高水平,但各省市政府的横向云平台发展相对滞后。因此,促进环保部门信息共享与业务协同是当前以及今后环保云平台建设的重点难点。云计算技术的发展为政府信息资源的横向整合带来了契机。举例来说,建设基于云计算技术的办公自动化系统(OA),使之具有线上办公、线上审批、电子监察、信息发布、信息归档等功能,各部门可以按需定制自己的业务流程,并形成跨部门业务在各部门间的对接,这种就可以实现部门之间的信息共享和业务协同。

3. 促进信息安全建设

传统的云平台可能会面临网络威胁、恶意攻击、信息被恶意删改等安全问题。环保云平台的安全性能要远高于传统环保云平台。采用基于云计算技术的环保云平台建设模式,可以促进信息安全从部门单独分散管理走向集中管理。统一规划和配置网络安全软硬件设备,包括防火墙、防病毒等安全软件,可以降低政府信息安全所需的保障成本。因此,那些独立运维的系统安全问题更为严峻,而且系统一旦出现安全问题,后期恢复难度大耗时长。

作为新兴的信息技术之一,云计算开始深入各行各业,智慧城市、医疗卫生、社区服务等公共服务已经开始进入"云模式"。云计算同样适用于政府及其公共服务,云平台的建设和利用,必将成为全面提升环境管理水平的重要手段。

当然,云计算作为一种社会化的服务模式,在应用于政府信息化的过程中,必然会促进相关管理制度、系统运行维护体系等诸多方面的探索和研究,环保云平台仍然需要有识之士的共同努力与突破。

第六章　环博会云展览设计实现

第一节　项目背景

云上虚拟会展（Online Exhibitions, Virtual Exhibitions）是一种基于互联网信息技术的新型会展生态，是一种创新的商业形态。其本质是依托于以信息技术，将 flash 技术、web3D 技术、AI 人工智能技术、VR 虚拟现实技术、云计算技术、移动互联网技术、社交社群、会展产业链中的各个实体整合起来，从而构建一个数字信息集成的在线展示平台，形成一种新的展览模式，是对实体会展模式的一种有效补充和线上重构，它最终的形态将是一种数字化的云上虚拟社会场景模拟形态。

一、产生背景

1. 疫情常态化导致线下在用展馆数量有所减少

2019 年年底新冠肺炎疫情暴发，到如今防疫已经成为常态化，对我国线下展览造成较大的影响。据《2021 年度中国展览数据统计报告》数据显示，截至 2021 年年底，全国在用展览馆有 291 座，同比 2020 年减少了 7 座，降幅 2.3%，其中 3 座展馆停用，3 座展馆改用，1 座展馆维护。在用展馆室内可供展览面积也有所降低，为 1 224.4 万平方米，同比下降 0.37%。

2. 会展业的发展与土地资源供给瓶颈的矛盾已现端倪

实体会展业的发展需要占用大量的土地，而现在我们国家土地是一个供给非常紧张的资源。《2021 年度中国展览数据统计报告》中显示，2021 年全国在建展览馆场馆 24 座，与 2020 年保持持平。但在建展览面积有所下降，2021 年全国 24 座在建展馆的室内可供展览总面积为 304.35 万平方米，同比 2020 年减少了 54.65 万平方米，降幅为 15.22%。

3. 国外的虚拟会展业发展迅速，吸引着国内会展业向其学习

德国的汉诺威工业博览会（HANNOVER MESSE）利用虚拟计算机技术，在线上搭建了三维立体展示系统，甚至增添了互动功能，给所有参展商和观众带来了一种全新的体验。不仅参展商数量众多，而且交易量巨大。

4. 世博会的最大亮点——网上世博会的成功

2021 年 11 月举办的上海第四届进博会在线下世博会进行时，线上世博在同时展览。让不能到场的观众也享受了一场视听盛宴。并且凭借上海世博会的国际影响力，加速催生

了新的商业模式——3D虚拟会展。此外,线上虚拟展馆、三维虚拟展厅、3D云展览等新形式也相继涌现。

上海第四届进博会运用了虚拟引擎、三维建模等技术,为参展国搭建了沉浸式数字展厅,同时设置了互动功能,提升线上展示效果,是一次全新尝试和积极探索。进博会开幕时,"线上国家展"同步正式开始运行。数字展厅利用图片、视频和3D模型等形式,充分展示了参展国的发展成就、优势产业、文化旅游、代表性企业等。

图6-1 2021年上海第四届进博会线上国家展

5. 信息技术的发展为虚拟会展的发展提供了技术支持

一个决定性因素虚拟会展出现和发展决定性因素之一,技术的发展使会展能取得最好的效果。互联网、虚拟现实、3D等技术的发展,为虚拟会展提供了深厚的技术支持。

二、会展发展新模式简述

1. 虚拟会展简述

虚拟会展,是指在网络的虚拟空间中进行的出展、观展及交易活动,使用三维虚拟技术能实现立体互动,让用得到身临其境的感受。虚拟会展是对实物展览的虚拟化,前期展览的组织、中期展览的监督、后期展览的维护等各个环节都实现了电子化,组展者、参展商和观展者之间的交流全部通过互联网络进行。

虚拟展览按表现形式不同可以分为三类。

(1)运用图文、声像和环视图等展示物品和场景。这类系统因表现形式较为局限,不能更生动、更全面地展示展品。

（2）单纯的三维场景展示，用户可以随意漫游，但只提供展览会的表面形式，不提供展览内容与展览场景的关联。

（3）既提供三维场景，也提供实际展览内容，并将二者结合起来。虚拟会展有很大的优越性：一是突破现场展会在时间和空间的局限，被誉为"永不落幕的展会"；二是虚拟展会具有易于组织和管理、节约成本、高效性、快捷性、低碳环保等特点。

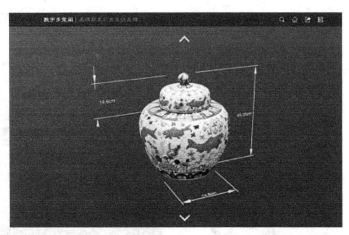

图6-2　故宫博物院"数字多宝阁"——"嘉靖款五彩鱼藻纹盖罐"

2. 会展新模式虚拟会展+实体会展模式简述

展览活动的核心就是展品，一切展览活动都是围绕展品来进行的。展品必须是能给人们视觉、听觉、嗅觉、味觉和触觉以信息的事物。

传统展览具有展出时间的规定性、举办目的的时效性、实施地域的选择性、观众对象的针对性和活动方式的多样性等。传统展览还采用与举办目的相适应的了解、询价比价、品尝、试验、讨论评价、交易、表演、娱乐、联谊、公关等活动方式，这些都是虚拟展览所望尘莫及的。

无法真正身临其境，虚拟展览中各类信息的真伪质量监管相关法规尚无法健全，供求双方的信息不对称，都是目前横亘在虚拟展览面前的鸿沟。

3. 虚拟会展+实体会展模式的可行性

由于网络展会的模式还没有成熟，传统展会仍然占据着主导地位，中国会展业进入网络时代还有很长的一段路要走。但从长远来看，线上会展的前景十分可观，随着虚拟现实技术的深入发展，现代展览业必将有虚拟会展的一席之地，呈现出现场会展和网络会展并存的局面。

首先，线上会展不受时空限制，节省展览成本，交易更加便捷，很多商品和服务都更方便在网上进行展览和交易。

图6-3　广东美术馆线上展虚拟展厅

另外,从目前网络交易的商品清单看,网络交易的对象正从数码产品迅速扩展到服饰、电器、日用品、个人洗护用品甚至果蔬生鲜等众多产品,这些产品将来都可以作为线上会展的展品。

还有,会展业的发展与土地资源紧缺的矛盾已初见端倪。政府不能占用大面积土地进行场馆建设。同时,场馆建设投入大、周期长、未知风险多。而在互联网上建立虚拟展馆举办网络展览,可以节省大量时间和金钱,大大提高展会的效益。

三、虚拟会展的时代意义

会展业对经济发展和社会生活带来的影响在不断加深,政府也已经越来越重视会展业和会展经济。如何扩大会展的影响力,降低展会成本,提高办展效率和展会的信息化是未来会展业重要的研究方向。而在展会信息化的过程中,如何增强用户的体验感,让用户更全面、更深入地了解展会和展品,虚拟现实技术为解决这一问题提供了很大帮助。

近几年来,虚拟现实技术的应用与研究得到迅速的发展,它是一门涉及众多学科的新兴技术,包括计算机图形学、人工智能、多媒体技术以及人机接口技术等,在许多领域具有广泛的应用前景,虚拟现实技术日渐成为计算机应用技术发展的主要研究方向之一。

如今,网络虚拟现实技术已然是计算机领域最重要的技术之一,用户不仅需要得到信息处理的结果,更想参与到信息处理的过程中去,取得身临其境的体验。

依托迅速发展的三维技术,信息化、数字化正席卷着互联网行业,会展业正面临着前所未有的机遇和挑战,探索信息化时代背景下的创新和发展,是会展业的发展方向。

作为当前较为先进的一种技术手段,虚拟会展的模式让展览突破原来时空等诸多条件限制,为会展行业的创新和二次竞争提供了契机,传统展会运营商有机会扩大影响力范围,建设全球性的超级展会;而二线城市和厂商也得以会比先天不足,获得相近甚至同等的发展基础。虚拟会展把会展业从一个资源密集型的产业中解放出来,大大削弱对场馆和资金的依赖,真正能够实现"永不落幕"的会展平台。

此次的NCP当前新冠肺炎疫情防控常态化,为会展行业的带来了危机与机遇。充分利用当前的信息技术建设,虚拟会展系统势在必行。

利用虚拟现实、超媒体、数据库、AI人工智能等计算机技术,建立一套在线虚拟会展系统,提供招展、导览、信息服务、虚拟展示等服务。将二维的网上信息系统和三维虚拟现实技术进行整合,采用嵌入Web页面的方式运行,无须下载客户端,虽然对带宽有一定的要求,但是大面积范畴内可流畅运行。

虚拟会展将现场会展以三维模型的方式展现在互联网上,构造出三维仿真的网上会展环境。它建立在数字技术及计算机模拟场景建设基础之上,丰富的视觉效果、充分的互动效应及良好的用户操作体验,是虚拟会展区别于传统会展的关键。

四、虚拟会展的五大优势

1. 成本

举办虚拟展会(在线展会、网络展会)的费用仅是举办一次传统展会费用的五分之一,不仅是经济成本,还有时间成本都大大降低。企业的顶级业务人员,不必花费大量时间和精力在会展筹措上,把工作重心集中在业务拓展上。

2. 使用频率

由于高昂的经济成本和时间成本,大多数中小企业往往选定每年只参加一次传统会展。而虚拟展会的参展商则使用更加频繁,每个季度,每个月,甚至每周,都能轻松地发起从数十人到上千人参加的虚拟展会,并能第一时间把企业的信息发布给市场。

3. 人

无论是传统展会还是虚拟展会,任何展会是否成功的判断标准,就是是否能吸引足够多的人,是否能够达成足够多的成交。传统会展的参与者一般是有地域性的,无论是参展方还是观展方,大部分是当地的人群;传统会展也是有时间性的。中高端人群虽然每周都会收到大量的会展邀请,但实际上很难抽出时间到现场参加。而虚拟展会则突破了地域和时间限制,通过平台定制的邀请邮件发送给精准目标用户群,只需点击一个链接,用户无论身在何处,都可以"来到"企业的虚拟展台,参加在线研讨会,实时互动。

4. 线索

所有市场推广活动都是为了获得真实有效的销售线索。传统会展获得的销售线索是展台托盘中的几张名片,而名片背后的人对产品的感受,购买意愿都得不到直观、客观、及时的反馈,那么线索的有效性是有限的。而虚拟展会的所有访问者的注册信息,互动交谈,在线投票结果都会及时生成统计报告,指导企业对来访者进行更加精准的回访,挖掘潜在客户。

5. 绿色环保

虚拟展会相对于传统会展,能减少环境污染,降低碳排放量,节约能源,是环境问题仍然严峻的当下办展的最好选择。

图 6-4 线上展会功能

五、虚拟会展系统平台应具备的功能

（1）在实地展馆举办展会的同时，可以把网上直播室看成一个不受时空限制的"展馆"来使用。我们可以与正在举办的展会大型展馆以及展会主办方达成协议，将整个现场展会整个投影到互联网。

图 6-5 展馆建模示意

（2）没有时间限制、没有空间限制的展品，不用担心预订不到展位，线上会展会为所有参展方提供一个无限大的展示空间，二十四小时不间断地提供服务。

（3）参展方放在展馆中的展品通过网络展现给更多的客户，线上沟通成交订单。也可以坐在电脑前参加展会挑选需要的产品，和参展企业进行详细的洽谈。

（4）线上展会，不必担心热门展会展位难以预订的问题，不必担心参加异地现场展会要消耗大量人力物力，不必担心展会有限的展出时间，等等。

第二节 项目概况

基于虚拟技术的环博会云展览,利用云游戏技术把现场展厅游览活动通过三维虚拟化到互联网中,利用 5G 的大带宽、低时延优势,让用户可以通过线上参与的方式,进入虚拟会展,体验与线下活动同步的展会活动,仅需一块屏幕就可以体验庞大的三维场景和各种有趣的交互体验。

基于 VR 虚拟现实技术的环博会云展馆又叫多媒体展厅,它以艺术设计为基础融合多媒体技术和数字技术,完成了展示对象的数字化模拟,实现了与客户之间的互动。三维全景技术是目前全球范围内迅速崛起并逐步流行的一种视觉新技术,它给人们带来全新的身临其境感,结合视觉效果、背景解说、Flash、视频等多媒体元素实现一种真实的交互式的效果,让用户方便地从多角度观看三维全景。三维全景技术本质上是基于图像的虚拟现实技术,它具有 3D 效果。三维全景技术能够让客户足不出户身临其境地观赏数字展馆。

一、环博会云展览的优点

环博会云展馆,在 VR 数字全景技术的加持下,表现出其独特的科技感。环博会的各项展览因 VR 技术更加生动、更加智能,还节约了现场会展所需的占地和场馆建设,为观众提供了如同身临其境的独特体验,吸引了越来越多的参展者和观展者。具体来说,环博会云展览有以下几种优势。

1)自主性

按照用户是不同需求对 VR 数字全景展馆进行定制化的设计,最大限度为参展商与其产品提供充满吸引力的展示平台,充分展示原创的、私人订制的 3D 创意理念。

2)便利性

VR 数字全景展馆,没有空间限制,没有时间限制,随时随地享受视听盛宴,不必舟车劳顿,24 小时随时开放,为展馆推广和展品成交提供了极大的便利。

3)互动性

VR 数字全景展馆可以利用多媒体技术,运用文字、声音、图像、视频及 3D 模型等多种形式,充分展示展品优势,调动观展积极性。

二、环博会云展览的设计实现方案

VR 数字全景环博会云展览,是一种全新的计算机系统,可以创建和体验虚拟世界。它利用 IT 技术构建一个逼真的虚拟场景,终端用户通过使用各种形式的交互装备,运用先进的数字化人机接口技术,和虚拟世界里的事物进行互动,产生 3D 视觉效果的真实感觉,让受众感受到不一样的世界。

基于真实场景或实体事物,采用拍照、测量、三维扫描等方式获得数据,然后依照工程项目设计标准,对场景和事物进行"三维重现",融合 360° 全景照片、遥感影像、3D 模型、3D 立体投影等多项虚拟现实技术和多媒体技术,实现对真实世界的虚拟化,并可以通过互联网、视频、光盘等各种媒介传播,让受众感受到一个有声有色、美轮美奂、身临其境的虚拟世界。

三、环博会云展览的方案功能

3D 数字展厅通过三维全景技术，可以让观展者只需点拖动鼠标即可在线观展，不存在任何视角死角，模拟人视觉习惯，场景可仰望俯视，左环右顾，远望近观，趋步周游，物体可全方位无死角观赏"把玩"，大大地提升了用户体验感。具体来讲，环博会云展览具有以下几点优势。

（1）提高环保博览会参展产品的展出率和展出效果。

（2）提高环博会整体的运行效率，减少成本支出。

（3）提高环博会的知名度，促进环保理念、环保产品的传播。

（4）减少环保产品的展出损坏，延长环保产品的使用寿命。

（5）利用多媒体技术，运用文字、声音、图像、视频及 3D 模型等形式，全方位展现参展产品所含信息。

（6）借助互联网手段加速相关信息的传播、交流和共享，扩大宣传范围和影响力。

（7）是实体展馆扩大影响范围的另一扇窗口。

（8）是线上参展观众变为实体展馆观众的桥梁。

（9）为传播发扬传统文化提供了新思路。

（10）可以用来进行远程教学。

（11）弥补了时空限制，实现了"永不落幕的展览"。

（12）是促进实体展馆提高管理水平的有效手段。

四、环博会云展览的目的和意义

2021 年，我国环保行业营业总收入为 3 217.79 亿元，较去年增长 16.30%，远高于同期经济增速。由此可见，生态环境保护治理的力度在持续加大，我国环保产业市场空间在加速释放，从国家部委到地方政府，再到企业，都在为环保产业新一轮的发展蓄力。

中国环博会于 2000 年正式开启，凭借母展慕尼黑 IFAT 展的全球资源，经过 20 余年深耕中国本土市场，借环保产业的快速发展不断发力，展会的规模与品质得到了不断升级，已经成为全球环保业中一个举足轻重的展示交流平台，有助于海内外企业提高品牌影响力、拓展海内外市场、促进世界范围内的技术研讨、发掘行业内在潜力与商机。

2021 年中国环博会紧贴产业发展动态，凝聚全球实力环保企业，展示了数以万计的水治理、固废处理、大气污染防治、土壤修复、噪声污染治理等全产业链的创新产品和技术；同期举办"2021 中国环境技术大会"，深入研讨了环保产业智能化、品质化、集中化的转型升级趋势。

图 6-6　2021 年第 22 届中国环博会

　　传统的环博会基本陈列展示的模式存在了单一化的缺陷,观众只能亲身来到博览会,通过视觉、听觉等去感受到环保产品和其中蕴含的环保理念。这种单一的模式极大地限制了环博会的体验感。环博会云展览运用多样的新兴科技,以体验的方式,将声、光、电、多媒体等技术融合到虚拟博物馆的展示当中,极大地丰富了展示形式,让观众获得更立体化更直观的感官体验。

　　传统的环博会的展示方式是比较单一的、陈列展品的方式,以环保产品和环保理念为核心,由专业的策展人员进行设计,观众在整个展会中处于被动地位。展示内容和形式上容易忽略观众的体验与感受。

　　环博会虚拟云展览能够提高观众参与的积极性,通过虚拟现实的展示方式加大对感官系统的冲击,将会给环博会带来新的生机。虚拟现实技术支持的沉浸式体验设备和小型个性化娱乐设施,将极大促进环博会突破原来的有限空间,真正以更有活力、更有吸引力的模式吸引观众走进“云上展馆”。

五、环博会云展览的需求分析

　　就环博会云展览系统而言,其应该具备的功能主要是:浏览者能够利用鼠标、键盘等交互设备,在虚拟博物馆中进行展品的浏览和场景的漫游。一般来说,展品藏品进入展厅才算进入了观众视野,才算步入了环博会的公众服务体系,展品的价值才逐渐为人所知。

1)在该系统平台中设置后台管理界面

　　操作人员通过相应的授权,在其中添加、修改、删除、检索相关展品信息,需要说明的是,在本书中所指的信息,主要包含展品的模型文件、细节文件、说明文件以及其他附加信息。

2)系统数据库

　　运用 SQL Server 数据库管理技术,操作人员可以修改用户角色。需要注意的是,登录系统后的用户因授权方式不同,访问的功能模块也存在着区别。也就是说用户可以根据自己的级别选择访问的模块。在本书的研究过程中,对用户角色的修改包含下述几方面的操作:一是添加用户信息,二是修改用户信息,三是删除用户信息。其中,用户信息包含 ID、名称、密码、授权等级等内容。

3)环博会云展览系统的构建

　　环博会云展览还应该具备服务器端与客户端进行网络通信的功能,也就是说,浏览者通过客户端的浏览器,能够从服务器端获取数据库中所包含的展品列表。基于网络通信的基础上,把所选中的展品模型文件、纹理文件等下载到客户端的机器上。

4)绘制二维平面图

基于环博会云展览系统,浏览者还能够在客户端绘制虚拟环博会云展览的二维平面图。需要说明的是,受笔者知识水平限制,在环博会云展览系统中,仅仅提供直线、曲线、圆等功能的绘制,且在绘制的过程中,能够修改已绘制的曲线。

5)设置展品细节的功能

在实际操作过程中,为使环博会云展览系统的展品以及场景更为逼真,允许浏览者自行定义室内场景的纹理信息。

六、环博会云展览的系统用例分析

在整个系统操作中,主要有着两种不一样的功能和权限,分别是管理员和用户。在本书的研究过程中,就环博会云展览系统的功能性需求,主要从系统的可用性、可靠性、适应性和可维护性四个方面来加以描述。具体表述如下。

1)可用性

本系统基于 B/S 架构模式,对环博会展览管理的业务流程进行了优化,使得系统操作界面更具友好性,无须经过专业培训,就能熟练地操作。也就是说,其具备非常好的可用性。为保障系统的安全性,还对环博会云展览系统进行了测试,经过测试最大限度上减少系统出错的可能性。

2)可靠性

就环博会云展览系统而言,所谓的可靠性体现在下述几个方面:一是主机系统的可靠性,二是网络系统的可靠性,三是数据库系统的可靠性,四是外围设备的可靠性,五是应用系统自身的可靠性。在实际操作过程中,考虑到系统会出现异常情况,这时,要求环博会云展览系统必须具有良好的可靠性。在这种情况下,就本系统的设计开发,选择设备可靠性较高且较为成熟稳定的第三方开发平台来作为支撑,由此最大限度上确保数据资料的完整性,系统一旦出现故障能够迅速恢复。

3)适应性

环博会云展览系统的设计开发,主要是依据环博会云展览的管理模式、组织机构,同时结合环博会参展商和观展用户的实际情况,充分考虑系统整体的性价比,追求操作界面的简易化和人性化。同时,为进一步的系统升级设置了相应的备份,以此来增强系统的可靠性。

4)可维护性

环博会云展览系统采用了面向对象的软件开发方法,保证了整个系统的可维护性。从应用程序的设计、开发、使用、维护等各个环节,进行了全盘考虑。这样可以充分保证系统运行平稳安全,且对后期的维护也具有相当积极的意义。除此之外,在本书的研究过程中,为使得后期运维更加便捷,还设计了较为完善的测试文档,对代码进行规范化开发,由此使得环博会云展览系统更具可理解性,为系统的后期维护做好前期基础工作。

第三节　环博会云展览的设计分析

一、环博会云展览构想

环博会云展览的设计是为了提高人们对环保产品和环保理念的了解和重视。作为一种新的展示方式,环博会云展览构想出符合当代大众自由个性的互动体验需求的全新展会模式。与其说展示形式决定了内容高度,还不如说形式的要求来源于市场真实的需求。参照在实物环博会展示中出现的人(主体)、展品(对象)、馆(环境)、互动实践(行为)等要素,环博会云展览的构思中则是再次对它们进行重新调整,把这些元素放到数字建设、虚拟建设、3D 建设中来。在达成环博会云展览信息展示与传播目标的基础上,还强调在数字展示中无论重点是新颖的媒介方式还是丰富的展示内容,都必须围绕着主体的需求来进行灵活设计与服务。关于"环博会云展览"的构思,旨在为环保产品及环保理念展示提供良好的数字信息构架以及便捷的资讯共享。这种以用户为中心的设计作品将会在大众市场上争取到坚实的用户群体。

二、环博会云展览数字展示

环博会云展览的概念不同于在一般情况下图片或者视频以平面图形以及缺乏真实感的声音文字为主的呈现方式,环博会云展览主要是以虚拟三维的展示形式来实现环保产品与用户的交互,展示目的是借助网络媒体进行环博会云展览界面的投放与应用。

在设计的环节上环博会云展览具有以下特点。

(1)平面素材与三维虚拟的结合展示。

(2)有序的导航浏览栏目与网络搜索系统的用户设置。

(3)环保产品信息简易性与可用性有效的结合创建。

(4)合理的环保理念趣味性内容导向设计。

具体来说环博会云展览是一个通过实例对象进行的数据采集而建立的环保产品 数字库存共享平台。环博会云展览作为环保理念在适应社会发展中不同时间段阶段差异过渡的一种适应体现,随着平台在建设道路上的不断完善,这也是数字化大环境中环博会云展览标准体系一体化不断前进的必经之路。

在环博会云展览具体的操作中,虚拟数字展示视角下的模型环保产品在互动展示中不可避免地出现了模型视觉上的形变与压缩的状况,这却可以让我们带着寻找和解决问题的态度来看待这些特点。

1)压缩

环博会云展览成品目前有两个版本:一个是本地的原始数据版;一个是 Web 传输压缩版。前者保留了较为原始大小的数据,视觉感官上接近设计者想要表达的展示清晰程度。后者考虑到了现实中网络的速率问题,为了方便用户的数据浏览而对传输的文件在分辨率上进行了调整。而且在开发过程中还要考虑到用户的客户端界面分辨率的实际情况,在能保证画面清晰的情况下对图片的数据大小进行考量性压缩。笔者认为一个合理的数字展示对象,端口画面的显示是不应该会造成显影质量上明显的劣质化的。所以,在兼顾三维模型渲染与模型传输质量平衡的坚持上,视觉上这两个版本差异的呈现不可以太明显。

2)形变

在环博会云展览数字化信息的传输过程中,三维数模在 Web 窗口中的显示会有一定的形变。首先这是由于在 3Dmax 软件的模型制作中,因为考虑到传输速率的问题而需要对模型的细节与面片进行简化。其次在软件 Unity3D 的交互制作中,由于 Unity3D 里的摄像机镜头拍摄的效果是来自对实际镜头物理属性的模拟。 所以,在面对模型对象时,模型在镜头中可能会出现一定的形状拉伸,特别是在模型移动到距离镜头边缘较近的位置时拉伸的情况最为明显。所以在我们面前最终呈现的环保产品模型成品实际上是作者人为地进行数字重构与形变后的环保产品虚拟形象。虽说形变是模型在细节表现上失真的一面,但从形态的表现上来看环保产品模 型在一定程度上仍然相对真实地进行了逼真的还原。虽然有轻微的形制变化,但作为真实的感官效应仍是不可被否认的。

3)生动

环博会云展览的重点在于强调界面中对三维虚拟模型进行的互动操作,追求形制准确、颜色形象、互动逼真的游览效果。传播中以数字影音、互动媒体 以及三维仿真等多种媒介结合的方式打破了传统展示单一的局限状况。在展示时,界面会随着用户使用鼠标"点播"不同影像信息的链接而变换不同的内容展示形式。生动的虚拟展示在吸引眼球的同时也让人摆脱了单调的操作体验。

三、环博会云展览总体结构框架

作为一个综合的环保产品信息采集的整理工程,环博会云展览的建设就不得不涉及展示框架的实现。显而易见的说法是,我们可以把它当作实体环博会展览一样来研究它的组成结构。我们常见的实体环博会结构有:展品展列区、参观导航区、服务区、留言区、休息区、档案库等几个区域。如果转换成环博会云展览的,组成部分大致可以分成:界面、互动展示区、导航栏目、资讯交流区、数据库,等几个部分。我们也可以把准备的环保产品信息数据资源按文档、图像、音频的类型来进行分类。将整理完成的数据库放在开放的平台上进行发布。

图 6-7　数字档案馆导航栏

1. 界面

作为环博会云展览直观的表现门户,界面是数字浏览与互动必不可少的参与通道,也是环保理念与技术交融最直观的表现窗口。界面包括了:背景、交互区域、各级标题链接区、图文介绍区。看似简单的平面规划,其实有着不可或缺的功能设计,这些功能可以引导着用户能在平台上方便地进行人机交互的操作,也是界面存在的必要实际价值。

2. 互动展示区

是环保产品三维数字模型的主要展示模块,也是环博会云展览功能规划中的重要部分。作为环保产品整体展示的专区,每个页面都是单个独立的,环保产品介绍部分,里面配有相应产品的具体图文介绍。其中环保产品模型虚拟互动的功能为环保产品数字展示增加了不少的趣味,在整体的设计中很容易成为展示的热度宣传点。此外展示区里面的图文可以被设计师定期地进行后台更换与编辑。

3. 导航栏目

导航栏目作为展示平台信息检索服务的专区。在处理信息繁多的系统界面时,导航栏目就起到了对平台数据资源进行分类以及结构管理的作用。导航栏目的使用为环博会云展览日常业务中内部信息的有效分类提供了便利,让用户使用起来更加的方便。

4. 资讯交流区

资讯交流区是环博会云展览里专门设有的资讯信息分享区域,是针对使用者资讯分享的服务专区,会提供与环保技术及环博会云展览相关的资料让用户可以在线查看和分享。专区里还提供了主办方的联系方式,可以让用户及时与主办者进行交流,对平台操作的使用反馈进行有效的评估,便于设计人员对平台整体及时做出工作调整。

5. 数据库

数据库是设计者所独有的编辑与使用权限专区,便于本地资料的取用与修改。保证平台发布前数据录入的准确与后期编辑中重复使用的便利。

图6-8　云展会大数据平台

四、环博会云展览价值分析

虚拟化与数字化的魅力正逐渐被大众所知,结合这种方式将环保技术及环保理念的独特之美彰显世人,是立足于环保产品结合数字展示技术而生成的环博会云展览设计之上的。其存在对环保产品来说,数字展示对虚拟使用效果及使用便捷的传达更贴近生活也更充满"地气",渐渐地改变了过去环保产品在传统展览中价值评判的标准。同时证明了环保产品及环保理念在真实世界中虚拟展示猜想的实现,也为人们在其他方面展览的数字化展示研究方面提供了一定的参考和启发价值。

1. 科技人文价值

基于虚拟数字技术的环保技术展示,它自身所展示的环保理念与技术产品在数字化的传输中正在悄然地发生着改变。环保产品作为社会环保意识观念与人文形态下的标志与缩影,在发展过程中要面对新时代对环保发展形式的诉求。在诉求下数字化形态环保产品的展示带来的更多是环保创新理念等愈加开放与自由的发展现状。从传播角度来看,环博会云展览数字信息形式的传播首先仍是以环保产品的方式呈现的。环保产品的展示一定程度上是基于大众在信息媒介浏览的前提下对传统环保理念的价值认可,同时伴随着对数字虚拟传播形式的肯定。另外从产品本身的角度来说,当作品展现在观众的观看过程中时,视觉层面上多样数字展示的效果与环保产品介绍的结合最终让人清醒地认识到,即使面对技术的不断革新,以人为本的价值发展理念才是实现环保理念与环保技术价值最大化的重要思想基础。环博会云展览正是以环保理念底蕴为传播的内涵,在观众与环保厂商之间搭起沟通的桥梁。将环保理念及环保产品以另一种传播环境中获得新的价值接受以及另一种形式的价值增值。对环博会的发展来说这是积极的、具有意义发展的潜力方向。

2. 数字化价值

数字媒体作为具有活力与发展潜力的展示媒介之一,它是一种基于人的想象力与创造力发展出来的且具有社会服务属性的媒体文化。依赖于此应运而生的环博会云展览正以独特的表现形式,让环保产品在坚持自身固有技术价值的基础上,又为数字展示形式争取到更多的用户舆论支持。又由于环保产品的易传播性与可复制性,数字技术为环保理念的创造与传输提供了便利的条件,同时更多地激励着环保产品被尝试着以数字化的方式呈现。在一定程度上增加了人们对数字媒介中被传播环保产品实体的接触与学习的冲动。满足人们环保生活、环保工作需求的同时,又促进了环保数字化屏幕语言的文化价值回归

五、环博会云展览体验分析

1. 外观表现层

在所观察到的图片、文字、交互区域组合而成的操作界面中,在打开界面或者点击文字图片链接时,会执行交互软件已经编辑完成的相应指令。这是最具象的基础视觉感知层面。对于实际的操作使用中,尽量缩小视觉元素排列的理想呈现与用户感知之间的差异。理想

的预测效果为：①视觉引导能让眼球无意识却有规律的运动,遵循人的眼睛线性的流畅的路径轨迹习惯,尽量减少焦虑感;②对用户提供有效的引导,引导环博会云展览"隐性工作"任务的完成,在线索引导和任务安排之间互相不会发生冲突;③清晰的有差异性的界面元素的协调使用;④制作由用户认可的统一而积极向上的视觉形象品牌定位的环保产品。

2. 功能结构层

用功能划分与协调各个布局的安排,导向使用者从一个功能区进入另一个功能区,以及再进入下一个步骤环节。即环博会云展览功能实现的节点形式,及各个布局之间的关系设计。就是让系统结构的设计去配合用户的使用行为模式,给用户呈现特定的信息网,这需要设计师:①观察参观者的生活习惯、工作行为以及思考模式,将所收获所思考的进行归纳带到结构管理中,提供更好的用户使用感受;②交互模块可以单独地强调出来,制作这个结构的核心不会去计划使用与其他结构统一的设计,而是建立能够让用户从中找到现实原型的"独特概念模型",但也要适合数模本身的技术特点,不然效果会适得其反;③展示平台结构的设计要考虑到用户对信息寻找的高效性;④设计的整体安排要有一定固定的范围规则,要事先准备好元数据应用的标准,防止设计者将专业度较高的设计语句插入其中,打破了用户与界面之间友好的互动环境。

3. 系统战略层

我们要明确环博会云展览工作价值量化的标准,细分选择潜在的使用对象,避免价值评价战略上的瑕疵。达到通过系统的搜索数据去了解用户想获得什么想得到什么的认知高度。需要设计师:①要注意用户在首次使用的环节中,还未产生使用体验时,预防首次操作失误使用户产生对数字博物馆偏差的认知,要建立错误及时发现及时恢复的机制;②要考虑到环博会云展览系统制作中条件的不足,制定清晰的应对用户需求以及优先级别划分与针对问题中轻重缓急的具体规划。

六、环博会云展览投放分析

环博会云展览主要提供的是有关环保产品的各种信息的展示,面对用户对其核心数字化资源高效获取的需求,一个完整的环博会云展览平台,要对信息的操作性、互动性与扩展性方面有着针对自身有效的信息分类。因此,对其数字化信息的分类可以分为信息组织、信息分类、信息展示三个方面。

1. 信息组织

对收集到的环保产品原始资料进行了标准的数字化结构处理。按照网络上信息分类的要求对其进行组织,形成了环保产品数字模型与元数据库。两者由本地元数据文件夹进行管理便于编排。在人工的元数据数字化中。面对网络搜索或者直接得等到的信息量大及种类多样化的图像资源,需要花一定时间进行处理与校对。转换成统一的格式进行压缩达到标准要求。对各个流程的音视图像资源处理的修改程度、色彩需求、格式转换、清晰精度,根据不同主题进行规范。

2. 信息分类

对原始环保产品模型与元数据库进行对象组织。再分类展示需要的元数据信息,每个环保产品数字化模型都能分配到相应赋予的信息种类。最终达到对原始一手资料实现数字化资源分类。步骤如下:①将环博会云展览元数据信息,以其属性与特点作为依据,对信息的内在含义、使用性质、管理要求进行科学性划分,让其使用更加便捷;②从整体上把握信息之间的区别与联系,整合排列成一定的顺序,便于用户区分选择与识别;③在环保产品数字原有的信息分类系统上,留有可以扩展分类的空间;④考虑信息子分类之间存在的相互兼容共享与否的问题;⑤考虑信息分类对用户实际应用的实用性。

3. 信息展示

能够将清楚分类的信息以平台形式展示。在设计编辑过程中,就对元数据库信息根据分类进行相应渠道的引取。方便 Web 服务器及 3D 虚拟引擎对信息进行访问。高效率地对分类的信息进行快捷化浏览与简便化搜索设置。对使用者的使用权限进行有效组织。用户能根据分配的权限进行环博会云展览的搜索与浏览。需不定期地对展示数字平台进行数据的编辑与维护,保持环博会云展览展示一定的完整性和准确率。

第四节　环博会云展览的技术手段

在基于虚拟现实技术的环博会云展览设计中,所有的虚拟展示构成都依赖于原始图像平面资料的积累与获取。这一过程主要的技术手段与艺术分析的表现如下。

一、平面资料获取

(1)通过引擎搜索收集环保产品图像资源。搜索关键词"环博会+环保产品",尽量选择分辨率高有参考价值的图片,并联系相关环保产品厂商提供相应的产品信息与相关资料。

(2)对历届环博会展览参展商及参展产品进行实地考察,收集环博会资料。在相关产品的厂商收集环保产品的生产制作过程资料,以及实验使用数据信息。

(3)环博会资料收集。例如,国内外相关环保政策与法规的变化和更新,一些环保技术的实验数据和实验方法。

(4)Photoshop 进行修图整理,文字内容整理留存,视频内容剪辑备份,声音内容拷贝压制。

二、三维数字建模技术

环博会云展览虚拟展示的实现前提是三维基础环保产品模型的搭建。在了解相关环保产品实体结构的前提下使用 3D Max 进行模型制作。这一过程需要参照一定的环保产品影像资料进行参考。主要的技术手段与艺术分析的表现如下。

(1)参考实体环保产品图片,制作出符合参照对象的复合数字模型。

(2)使用 photoshop 将傣陶图像制作成为贴图素材,进行模型表皮赋予。

（3）调整与测试。主要技术手段有 3D Studio Max，通常称为 3d Max 或 3ds MAX。开发公司 Autodesk 公司。3d Max 的出现一下提高了三维作品制作的门槛弹性。支持 OBJ 和 FBX 格式输出，拥有简单易操作的建模方式、及时的修改调整功能、独特的 UV 纹理贴图编辑。

在三维图形生成技术方面的关键因素是如何解决"实时"生成的问题。为了达到实时的目的，在环博会云展览虚拟三维生成的过程中至少要保证图形的刷新率较高，再利用提取同一环保产品或者环保展厅不同视角的形象来生成三维图形。虚拟现实最重要的一个要求就是"临场感"，即模拟真实感官，要求随着用户位置、方向的变化，实时生成 3D 立体画面。在这一实时画面形成过程中，除了需要图形加速卡的支持以外，还必须要有成熟的计算机视觉技术，因为在虚拟现实操作系统中，有效地输入和输出、动态模拟以及图形模拟是主要的工作。因此，较为有效的方法就是把输入和输出设备与图形绘制数据库相连，实现在计算机进行复杂计算的同时，仍然可以为用户提供一个能随着视角而改变的、流畅的画面。

三、虚拟场景与展示

虚拟环境的建模是虚拟现实技术中一项最为重要的建设步骤。在实现环博会云展览虚拟动态环境的建模时，应根据环博会展馆实际环境进行三维数据的获取，结合应用的需要，建立相应的三维模型。可采用 AutoCAD 制作技术对环博会云展览三维数据的进行获取，获得一个有基础设计的环博会场馆环境，结合 3D MAX 或 MAYA 软件建模技术，有效地提高数据获取的效率，完成环博会云展览虚拟动态环境建模，并且在建模完成后将 3D 模型调入 Java II 软件中添加动作，才能够实现数字场景的动画。

虚拟现实（VR），是 20 世纪末出现的一门全新的综合性信息技术，其应用领域和交叉领域范围非常广泛。在环博会云展览虚拟展示设计中，就是利用虚拟现实技术来完成环博会云展览的虚拟浏览、交互、漫游、实时三维展品研究等沉浸式虚拟展示功能。

增强现实（AR），是在虚拟现实技术基础上发展起来的新兴技术，可以在用户看到的真实场景上叠加上由计算机生成的虚拟景象。在环博会云展览虚拟展示设计中，主要运用于移动端口来完成环博会云展览的虚拟浏览、交互、导航、实时三维展品研究等叠加式虚拟展示功能。

环博会云展览应用虚拟现实与增强现实，是为了能够通过虚拟真实场景和增强信息的交互融合，使观众能够获得为丰富的展品信息和感知体验。而环博会云展览虚拟融合的部分要想逼真地展示出来，就必须要有高质量的显示技术和显示设备。而目前增强现实的显示技术主要分为三大类型：头盔显示器显示、手持显示器显示和投影显示器显示。但对于目前的发展形式来看，环博会云展览的增强现实运用更适于选择手持显示器显示为主，它便于携带，且不需要额外设备支持和应用程序，同时还能够避免了头盔显示器所带来的眩晕感、负重大等缺点。

由于虚拟现实技术开发的过程中包含大量的虚拟信息和 3D 模型，所以系统集成技术的存在能够完善和解决这一系列的根本问题，它包括信息同步技术、模型标定技术、数据转换技术和识别合成技术等。

四、三维注册技术与标定技术

三维注册技术是决定环博会云展览虚拟现实与增强现实系统性能优劣的关键技术。为了实现环博会云展览虚拟展示信息和真实环境的无缝结合,就必须将环博会云展览中的虚拟展示信息显示在现实环境中的准确位置。而衡量增强现实系统的跟踪注册技术性能的优劣,主要观察其精度(无抖动)和分辨率、响应时间(无延迟)、鲁棒性(不受光照、遮挡、物体运动的影响)和跟踪范围。因此,对于环博会云展览增强现实的运用,就应根据不同展品的展示类型,实施多种不同的跟踪注册技术,扬长避短,实现各种跟踪注册技术的优势互补,形成环博会云展览增强现实应用的多种适宜性跟踪注册技术体系。

在实现环博会云展览虚拟现实与增强现实系统,虚拟展示物体和真实场景中的物体(图像、视频和文本)对准必须十分精确。当移动设备的摄像机位置发生变化时,虚拟摄像机的移动参数必须实时同步变化,这就要求跟踪真实物体的位置和姿态等参数,对参数不实时更新。因此就需要提前对摄影机的参数进行实验与计算标定,而摄影机标定技术是实现环博会云展览应用系统的一个至关重要的设计环节。移动测量的精度就是取决于摄影机标定精度;同时环博会云展览中展品的三维识别与重建,摄影机标定精度也直接决定着三维重建的精度。

五、应用系统开发工具

对客户端的环博会云展览实现虚拟现实与增强现实虚拟展示建设,可应用开发的软件有很多,如 Unity3d、Flash、C++都可以对其进行操作实现。但除此之外,一般情况下还需要借助专门的软件开发工具包(Software Development Kit,SDK),来满足环博会云展览中展品所需要的展示效果,常用的增强现实开发的工具包有 ARToolKit、Vuforia、OpenCV 和 Coin3D 等。它们各自具有不同的优势特点,能够识别和检测出不同类型的实物(如物体、图像和文本),并且呈现出的效果也各具长短,在了解开发工具包的同时,也要对环博会云展览的虚拟现实与增强现实应用所要展现的效果和特征筛选最为适合的工具包。

第五节 环博会云展览的设计实现

一、环博会云展览网站设计的逻辑架构

环博会云展览网站展示板块设计可分为环博会云展览参展信息数据库(图+文)和虚拟展示系统两部分内容。其中对环保产品数据库的产品查询方式有两种渠道,一种为查询检索,另一种为分类浏览。其中查询检索是主线,拥有独立的产品查询系统,主要是为了参观者更为直观、快捷地检索到自己想要观览的产品;分类浏览方式则是属于环博会云展览中虚拟展示系统的部分,有两条通道可以到达:一是直接通过虚拟展示系统接入浏览,二是通过虚拟现实或增强现实体验、交互所提供的外部链接。由两个系统分别都能够到达环博会云展览的虚拟现实的三维沉浸式体验或增强现实的虚拟交互。而虚拟现实的沉浸式三维环保产品展示板块与增强现实的交互式三维环保产品展示板块一样也同时具备独立的参观

系统。

二、环博会云展览 AR 设计的体系架构

环博会云展览系统应由硬件和软件两部分构成。硬件主要包括:显示载体、人机交互设备以及硬件计算平台等。显示载体是将真实环境和物品(展馆和展品)与生成的虚拟信息进行合并显示,其设备有智能手机、平板电脑、AR 眼镜等;人机交互设备可以通过如语音识别、身体动作跟踪和重力感应等交互手段,了解观展人员的所想所求;硬件计算平台则是要完成融合显示、虚拟信息生成、人机交互等一系列的复杂计算,支持增强现实系统高效运行。

在软件方面主要包括:识别跟踪软件、三维图形渲染绘制软件等。其中识别跟踪软件是识别观展人员所看到的展品的类型、位置、形状等信息;三维图形渲染绘制软件则是对虚拟的三维物体进行实时绘制并显示出来。环博会云展览增强显示系统架构可采用客户端和服务器结合的模式,客户端是移动终端设备,主要用来存储三维模型。系统的工作流程分为以下几个部分。

(1)通过移动终端摄像头获取环博会云展览真实环境(展品)中的视频信息。

(2)无线网络设备则属于一个传递功能,将获取的视频信息发送到服务器进行处理。

(3)服务器根据接收到的真实环境(展品)信息,再实现三维跟踪注册,最后以注册结果计算出虚拟对象模型的渲染参数。

(4)将融合参数借助无线网络传送给移动终端设备。

(5)移动终端设备依据计算出参数来进行虚拟模型(展馆和展品)的渲染,并叠加到真实场景中,实现虚实完美融合。

(6)将增强后的图像信息以可视化的形式在各类移动终端进行显示。

三、环博会云展览虚拟展示系统设计

依照诸多虚拟数字展览的成功案例,流畅的运行机制、清晰的操作方式、完善的功能体系、切实的参观体验等因素对于环博会云展览的虚拟展示系统建设来说是尤为重要的。在对其进行设计时,要注重整体细节,考虑浏览者对操作界面的认知程度,遵循递进式的传输方式,并最大限度地满足浏览者的参观期望值,缩短虚拟参观与现实参观的差距,这就要求在制作方面上尽可能真实地还原实体纪念馆的各项功能,在此基础上设计出更为适合环博会云展览虚拟浏览的应用程序。

在设计之初,应考虑以下几点设计要素。

(1)资源组合设计。针对环博会云展览展品、厂商及信息的虚拟化资源,环博会云展览应将其进行整合设计存为后台资源,同时将各种产品及厂商及信息进行时期、种类、大小等分类管理。这对环博会云展览的后期管理及整体设计方向起到一定的指引作用,通过信息的类别来规划环博会云展览数字虚拟操作的项目。

(2)服务项目设计。对于环博会云展览虚拟项目的游览,在设计理念之初我们就首先要确定虚拟现实展示和增强现实展示的各类服务项目,它应包含展品展示、信息介绍及说明、相关互动体验等基本项目。这部分设计完成后将成为环博会云展览虚拟展示的基础框架结构,再根据各部分服务项目进行信息拓展。

（3）参观路线及视角设计。在设计虚拟现实体验的参观路线时,应遵循实体环博会场馆的结构为基础,同时考虑浏览者在参观时的习惯特点,规划出多条路线供浏览者进行选择。以及在对视角的设定方面,不应局限于人物的第一视角,可依据现有技术加入上帝视角、自由视角等多种游览形式。这部分设计可大幅度提升环博会云展览基础的应用功能,再在此基础上进行细化设计。

1. VR 虚拟体验

1)虚拟环游功能

自动环游:为了满足浏览者对环博会云展览虚拟展场的整体游览而进行的自动环游功能设置,预先通过摄像机设定好多种路线运动,只要将其点击激活,即可全自动、全方位地引领游览者观光,解放浏览者的双手,使之全身心地投入虚拟视觉效果当中,是年老或年幼浏览者的第一选择。

交互环游:当游览者通过导航图对场馆有了一定认识,或者在自动环游期间发现了有趣的地方,想参与其中的时候,可以以虚拟人物为根据点,在场馆中对其进行交互联系,通过控制键盘上已设定好的键盘按钮,就可以操控虚拟人物或对象在场馆中自由活动,并到达相应位置时激活特定的展示介绍和动画效果。

图 6-9　某水治理展馆游览模式

虚拟导向引导:在环博会云展览游览过程中,它都会加以提供一定的规划路线供浏览者准确了解环保展厅、环保产品的信息内容,如讲解员的领说、馆场规定好的路线进行浏览。但当游览者通过环博会云展览进入虚拟场景后,高度的自由活动,以及不需要身体劳累就可以穿梭整个场馆,如果不加以引导,浏览者很可能会错过重要信息或者产生一系列的不适反映,这时候就需要设计好合理的、高效的虚拟导向引导来指引浏览者的动作,可通过采用地面引导线的指示或预留的提示音相相结合,使浏览者在虚拟馆场中自由、全面地去与环博会云展览产生交集。

2)重要展品展示功能

高模浏览:这里的高模浏览是指对环博会云展览当中部分重中之重的参照厅及展台采用高面数和高渲染所产生的模型进行展示浏览,通过这类制作可以高精度地模拟展厅、展台、产品最为真实的外貌模样,由此,在虚拟的环境当中,为浏览者观赏重要的展品时带来最精准、真实的信息回馈,确保展品信息及虚拟数字效果的原真性。

交互动画:动画展示形式可以算得上是目前运用最为之多的展示手段之一,也是重要展品展示功能下最为重要的部分,它可以模拟展品的来源、演变、动态等,是实体环博会展馆展示手段中所欠缺的部分,以及还可以通过它在展示的过程中加入交互的成分,使游览者参与其中,增强展示效果,提升观展趣味。

人机互动:在环博会云展览的虚拟环境中,将部分重点展品融入一些游戏元素,会大幅度提升展品的参观意愿,可以通过虚拟环境下环保展品的划分区域作为启动器,站(进)入则视为启动并进入游戏界面,以游戏手柄或相关设备进行操作游玩,此功能可以为浏览者感到疲劳的时候为其放松一下精神,同时也以另种角度介绍其展品的知识内涵。

3)附加功能

重点文字、图片、音乐(穿插):浏览者在环博会云展览中激活重点展品后,可以观看展品的动画,也可以参与其中交互,但是有些最为基本的东西还是要用文字、图片及音效来加以修饰才会使展品内容变得更易理解和全面,可将文字、图片、音效等功能作为弹出窗口的形式浮现在交互动画窗口之上,在不妨碍操作观看的同时了解其他的附加辅助信息。

4)使用说明

浏览者要是第一次穿戴虚拟现实头盔进入虚拟展示系统不一定能够找到操作按钮,需要一个引导或教程界面来教会浏览者如何正确、快速地在环博会云展览中进行浏览互动,这个说明所占用的时间很短但是对于浏览的帮助则是巨大的。简单易懂的浏览使用说明并配以便于识别的图标按钮是这个功能的重点。

图6-10　西安交通大学虚拟博物馆图标设计

2. AR 虚拟交互

1)3D 展品展示功能

高模游览:环博会云展览增强现实展示的高质量模型可以将设置在虚拟现实中的高质

量模型交替互用,但观赏模式由此改变为虚实结合的形式,通过移动终端或 AR 眼镜扫描二维码或指定图像,将单独的模型或场景浮现在现实环境当中,使展品的呈现形式更趋于现实观赏与真实互动。

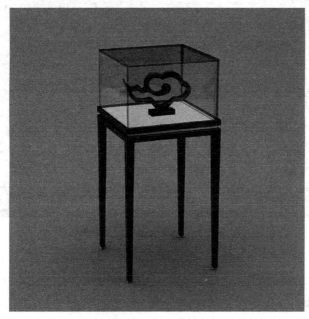

图 6-11　展品 360° 展示

交互动画:浏览者借助移动终端或 AR 眼镜进行指定图像扫描,将呈现的画面以叠加的交互手段与动画展示于现实当中供浏览者进行观赏与把玩,以移动终端的角度和按钮进行操作浏览。

人机互动:这里的游戏互动同样是以浮现在现实环境之上为根基,通过扫描即可开启游戏内容,并运用手柄或手势的形式将设定的游戏内容在现实环境中进行交互。

2)虚拟导向引导

此项功能主要是建立在满足参观者前往实体环博会场馆的观展需求,为了呈现实体环博会展馆的总体布局及详细位置的标记,包括实体环博会展馆楼层分布、每层展品的大致摆放位置等。将整体信息导入客户端中,通过下载并启动虚拟导向的叠加功能,参观者使用移动终端或 AR 眼镜即可快速准确地找到需要了解的信息内容。

3)附加功能

重点文字、图片、音乐(叠加):浏览者可通过移动终端或 AR 眼镜扫描环博会云展览展品所提供的识别图像,在现实环境中叠加出精致的 3D 模型和动画,以及参与交互。但文字、图片及音效等叠加的效果会将浮现在现实环境中的单个模型显得更加丰富多彩,且更具有研究力度,可将此项功能叠加到模型的左右侧,便于游览者进行点击观赏与聆听。

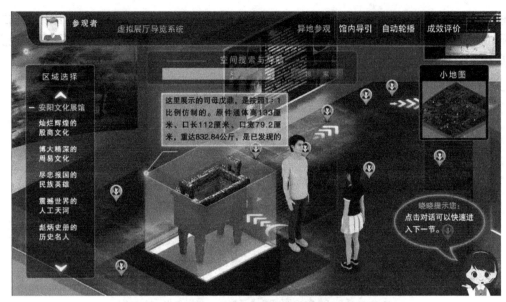

图 6-12　安阳文化展馆引导功能

4）使用说明

浏览者在使用移动终端或 AR 眼镜进入虚拟展馆增强现实展示系统时，可提供一个引导界面或教程按钮来教会浏览者如何正确、有效地实现虚实结合的浏览互动，最好能够以简约的字数和图式来指引，便于游览者识别和操作。

第六节　环博会云展览的云端布置与构建

云计算是一种随需访问、按需扩容的共享计算数据资源池的服务模式，是针对海量数据的存储、处理、并行计算等服务的解决方案。在对文件系统及云计算特性等进行分析后，设计了基于云计算的环博会云展览网页操作系统，向个人用户、企业用户提供私有云及公有云服务，对底层服务进行封装，实现环博会云展览系统独有的应用框架，后台系统向第三方开发者提供虚拟接口。网页操作系统将云计算的按需服务、随网访问、独立划分资源池、弹性伸缩、访问可计量等特性相融合，尝试将云计算完成由概念向实体的转变。环博会云展览网页操作系统通过搭建服务器集群并通过浏览器等方式对外提供 PaaS、SaaS 等服务。通过虚拟机、Hadoop 等技术将存储和计算能力进行动态调配，有效地降低硬件设施建设成本；通过云端存储、计算，摆脱本地系统对服务区域的依赖；同时，在不终止服务的情况下，随时按需增加系统的存储和计算能力。

云计算的环博会云展览网页操作系统主要分为架构设计、系统应用框架设计、前端开发框架设计以及数据库设计三部分。

一、架构设计

作为 PaaS 及 SaaS 层操作系统，本系统支持多种不同的应用部署方式。呈现给开发者及最终用户屏蔽差异后的一致性界面。以下将操作系统整合部分简称 WebOS。

1. Apache 提供负载均衡

为保证每台服务器的计算资源及进出口带宽等独立资源都得到最大限度的开发使用，从而提升整个系统的总体性能，系统使用 Apache 的服务承担负载均衡任务，让多台 WebOS 服务器均匀承担负载。系统会根据服务器的使用人数、注册人数、开启服务及应用的数量等参数，决定将新的任务经由 Apache 向相对任务量较小的虚拟服务器派发。完成这项设计后，所有应用都可以实现单独点击登录。

2. 虚拟机集群提供服务

WebOS 和应用全部部署在虚拟机集群中，通过以上方式对一些对运算能力和存储能力要求较高的应用选择适当的算法进行调配，在使用虚拟机的基础上充分利用物理机的运算及存储能力。同时，在系统存储或计算能力需额外增加时，可以方便快捷地对系统的服务器进行扩展。针对由于服务器的软、硬件错误所造成的应用服务出错、文件块丢失等问题，可以通过存储备份的虚拟服务器快速重启应用或重定向文件块，在有效地提升整体的资源利用率的同时，保证系统应用的可用性及文件的安全性。

3. Hadoop 集群提供存储及计算

任何无关联性的单一应用可以针对分布式存储和计算的特点进行修改，从而通过 Hadoop 集群提高其并行处理能力。在用户数量达到一定程度后，特别是在用户年龄、领域等较为集中的情况下，用户文件的重复率将越来越高，主要存储空间用于大文件存储。在此类情况下，HDFS 的表现明显优于其他文件系统，另外在物理机出错的情况下造成的文件损坏、丢失，通过将文件块重定向到最近的可用备份服务器地址即可继续使用文件。

4. Memcache 实现节点间的信息共享

通过 Memcache 实现 tomcat 节点间的信息共享可以有效地管理系统内单一应用，便于应用的授权集中管理。对于用户间协作、用户权限变更、跨服务器集群的信息调用等提供便利。以确保信息同步且无误的情况下，提高相应速度。

二、框架设计

系统在 HDFS、Apache、Tomcat、MySQL 等服务的基础上进行便于统一使用的封装，从而形成系统独有的后台应用框架。后台应用框架主要封装的服务包括前台请求处理、系统初始化与重启事件支持、自定义事件模型、基于线程池的任务调度器、hibernate 数据库 session 管理、分布式的支持与数据同步、分布式文件系统、即时通信系统、基于组和角色的用户管理、后台系统分层设计规范、子系统。

前台请求处理封装的服务主要包括参数验证、命令查找、参数注入、错误处理、日志记录、测试框架、消息推送、基于网络地址的权限系统、统计系统以及多线程控制的锁系统。布式支持与数据同步封装的服务主要包括分布式的应用管理、分布式锁控制功能、分布式 session 管理机制、分布式数据存储与访问、分布式数据交换、基于 WebService 的平台与应用通信接口即时通信系统封装的服务主要包括消息推送、离线消息处理、群消息处理、分布式消息发送与接收、文件消息存储、消息缓存系统等。

三、前端开发框架设计

由于系统是基于云计算的环博会云展览网页操作系统,同时也是面向普通开发者的开放平台,因此,系统提供了一套比较完善的网页前端开发框架(FUI)。FUI 为系统的应用开发者提供了常用应用程序的组件库,为应用开发者屏蔽了跨浏览器甚至跨平台(普通个人电脑到手持移动设备转换)的差异,同时也为开发者提供了底层异步数据请求的封装。FUI 借鉴了 Java Swing 应用程序编程接口的规范,可以大大降低第三方开发者学习的门槛,提高开发者的开卡效率。

FUI 架构会在网络请求底层建立请求缓冲、分组请求的机制,从而充分有效利用网络资源,同时也降低了后台服务器的压力。

WebOS 前端架构基于 javascript, html, css, ajax 等技术,下面将从以下几个方面详细介绍这套框架。

1. UI 库

UI 库,这是框架中最基础也是最重要的一部分。和 Java Swing 组件类似,平台拥有独立开发的 UI 库,包含平台需要的已封装组件,如列表 List,表格 Table 等。平台及界面元素的展现,极大地依赖于这套类库,平台或应用开发者只需要简单地调用这些 UI 库,就可以很方便快捷地将需要的元素完美展示在 WebOS 上,而不需要去做其他的分析考虑。总体而言,这套 UI 库给 WebOS 提供了最基本也是最重要的支持,不仅使得界面呈现方式变得更加简单,而且便于开发,极大地节约了开发成本。

2. 框架的跨浏览器支持性

Javascript 本身就是一种功能强大的面向对象的脚本语言,长期以来是作为 Web 浏览器应用程序的客户端脚本接口,然而使用其最困难的问题就是由于要支持多个 Web 浏览器而产生的复杂性,而集成框架很好地解决了这些问题,每一个类库都在许多的 Web 浏览器的现代版本上进行了详细可靠的测试,使用此框架就可以轻松地生成跨浏览器兼容的 javascript 代码的工具和函数。有了这些支持,此框架就具有了其内在的稳定性,在任何平台任何浏览器上,都能展示出相同的界面元素及效果,极大地提高了表现层的统一性及整体性。

3. 框架对事件的处理支持

框架将浏览器事件进行详细的封装,提供统一的接口,并且提供一组跨浏览器兼容的函数来进行事件处理,这让平台上的跨浏览器事件处理变得非常容易,不用过多地考虑其他的因素。

4. 框架对 DOM 元素遍历及操作的支持

不同于传统的 DOM 操作方式,框架不仅提供 DOM 元素引用的统一接口的函数,而且允许进行各种父元素、子元素、兄弟元素的遍历查找,并且提供了完整的接口来操作这些对象,也就是在此框架下,对 DOM 元素对象的检索、操作变得极其方便快捷。

5. 框架的数据接收处理

平台的数据请求主要通过 Ajax 进行请求,这样不仅数据响应快,而且前端处理方便,极大地节约了资源和带宽。当然这些数据交互处理函数也是已经完整封装好的。例如,FIM 要获得新的聊天消息,只需调用命令,发出请求 "getMessage",然后后台接收到请求就会处理、返回响应的数据,前端接收到此 Json 格式数据,进行处理,即可将数据呈现在界面上。

6. 框架面向对象的特性

整套框架都是依照面向对象的思想进行设计的。其面向对象的特性体现得很明显,相应组件类之间都有其内在的继承和重载关系,整体框架采用的是基于 prototype 的面向对象调用功能,如 Button 就是继承于 Component。

7. 框架的层次结构

框架类大体上可以分为三个层次:一是普通的组件类,如 Button, Label 等,另一类就是核态组件类,如 Component,第三类就是核心事件数据处理的类,如 Core 框架里面的各个类既有其内在的联系,也有其不同的独立层次结构,如核心事件处理模块类 Core 和数据文件封装的 Data.File 功能上就是相互独立的。

WebOS 前端采用的是一种轻便的架构模式,将界面元素的展现与数据交互处理进行了分离。此外框架将各种基本的函数等进行了完整的封装处理,可以很方便地进行后期的扩展延伸,而不会对当前的平台,应用等产生坏的影响。此框架不仅安全稳定,而且具有其独特的延伸扩展性,是平台整个表现层的核心部分。

四、硬件配置

1. 主服务器

硬件配置:8 核 CPU,5 GB 内存,2×1 TB 硬盘,双网卡。
系统版本:Ubuntu 10.04.3 LTS x86-64。
关键服务:kvm 虚拟机、mysql-server-5.1、Apache/2.2.14(Ubuntu)、nfs(nfs-common,nfs-kernel-server)、web 服务(/opt/new_tomcat)。

2. 测试用服务器

硬件配置:4 核 CPU,3 GB 内存,1 TB+160 GB 硬盘,双网卡。
系统版本:Ubuntu 10.04.3 LTS x86-64。

关键服务:kvm 虚拟机、mysql-server-5.1、Apache/2.2.14(Ubuntu)、squid3、bind9。

3. Hadoop 主服务器

硬件配置:4 核 CPU,4 GB 内存,1 TB+160 GB 硬盘,双网卡。
系统版本:Ubuntu 11.04 x86-64。
关键服务:kvm 虚拟机、Hadoop。

4. Hadoop 存储节点服务器

硬件配置:2 核 CPU,1 GB 内存,4 TB 硬盘,双网卡。
系统版本:Ubuntu 11.04 x86-64。
关键服务:kvm 虚拟机、Hadoop。

5. 数据库服务器

数据库使用 MySQL 集群数据库。在生产环境中部署具有负载均衡功能的 MySQL 服务器集群,有效地提高数据库应用系统的速度、稳定性及可伸缩性,也可以有效降低应用系统的组建成本。本集群的结构为:一个 MySQL 主服务器(Master)与多个 MySQL 从属服务器(Slave)之间建立复制(Replication)连接,主服务器与从属服务器之间要实现一定程度上的数据同步,多个从属服务器存储相同的数据副本,实现数据冗余,提供容错功能。部署开发应用系统时,对数据库操作代码进行优化,将操作语法(如 UPDATE、INSERT)定向到主服务器,把大量的查询操作(SELECT)定向到从属服务器,实现集群的负载均衡功能。如果主服务器在运行过程中发生故障,从属服务器将自动转换角色成为主服务器,使应用系统为终端用户提供不间断的网络服务;主服务器恢复正常运行后,在将其转换回从属服务器,存储数据库副本,接着向终端用户提供数据查询和检索服务。文件系统使用 Hadoop HDFS 搭建分布式的文件系统。利用 HDFS 的自动冗余和大规模并发访问支持,可以实现数据的安全性及功能。

6. 数据分析

据实际运行情况统计,服务器(8 核处理器, 2 GB 内存)处理单次请求需要的时间平均为 2 ms,每台服务器 1 s 内可以处理 500 次请求。在线用户平均 20 s 会向服务器发送一次请求,这样每台服务器可以同时服务的用户数为: $500 \times 20 = 10\ 000$ 人。这样一个具有 10 台应用服务器的集群就可以处理 10 万同时在线的用户。但是由于采用集中式的 session 管理机制,一个集群不能无限制地扩展。用户 session 平均占用的空间大小为 50 KB,这样 16 GB 内存可以存储 32 万 session,即一个集群可以同时支持 32 万个在线用户使用。

第七节 环博会云展览平台功能

一、虚拟展览功能

环博会云展览属于虚拟会展,是富媒体的线上互动平台,为所有参展商和观展人员提供了一个具有高度互动性的 3D 虚拟现实环境,一种足不出户便如同身临其境的全新体验。环博会云展览服务完全基于互联网,终端用户无须安装任何软件、插件,只需点击一个网页链接,便可通过浏览器进入虚拟展厅,观看实时直播的在线研讨会,参观会展展台,观看产品演示和介绍,并和会议主办方、演讲嘉宾、参展商等在线交谈交易。

二、对接第三方直播

环博会云展览的智慧展厅解决方案,利用云游戏技术,将智慧展厅的三维空间迁移到云端,利用 5G 的大带宽、低延时优势,使用户体验不再依赖于高性能终端设备,只需使用屏幕就能体验到巨大的三维场景和各种有趣的交互体验,在 3D 漫游的基础上,可以衍生出更多的 3D 场景、网站等形式,使访问智慧展厅更便捷。

云展览不仅呈现了智慧展厅的展览场景,相应的展会启动仪式、同期论坛、新品发布会、商贸洽谈会、展商评选等活动也可以在线上完成。实时显示平台所有展示内容,并支持数据自动进行统计与分析。

除参与线上展览外,通过 AR 在线直播的方式可以让客户享受科技感十足的全新视听体验,为线下展会线上化提供完美的解决方案。环博会云展览的智慧展厅通过云展览虚拟定制背景与在线直播相结合,可以让主播沉浸其中,更好地进行展示,同时也带来了更多的参观流量。涵盖会前、会后、会后、线上和线下,支持复杂流程、离线展览、主分论坛的一站式会议科技产品与服务;在云会展 2.0 中,还可实现智慧邀约,智慧日程提醒,智慧接待签到、智慧消息通知、智慧监督把控、智慧数据生成等全流程的智能化管理。

三、整体流程

环博会云展览系统建设不仅限于技术平台搭建,还需要组织资源的调配、建立并完善商业模式、搭建运营维护体系。

1. 充分的组织准备

环博会云展览对主办方而言是一个长期项目,它是一种新兴的商业模式,是探索展会业向数字化转型的新途径,因此主办方需要在核心战略、组织资源、展品选择、商业模式、运营模式五个方面全面考虑和准备。在商业模式以及营利模式方面,环博会云展览的打法不同于线下现场展会,环博会云展览在策划、执行、引流、洽谈和数据管理等方面与传统现场展会有很大差异。环博会云展览如何将参展商和观展方数据迁移到线上,如何将外部流量转化为主办方私域流量,如何做好观展人员的筛选、分类、标签化管理、转化目标客户,如何高质量组织在线直播、互动、洽谈和推介活动,如何保证参展商和观展人员的及时沟通对接,技术团队能否迅速响应展商和采购商个性化需求……这些都依赖于具备数字化能力的线上运营团队,主办方需要全力做好资源的组织调配、调整组织结构,打造一支思维敏捷反应迅速能力过硬的线上运营团队。

2. 构建内部运营体系

构建环博会云展览体系不是一蹴而就的,需要长期地、持续地对内容、流量和用户群进行运营和管理。因此,主办方需要构建环博会云展览的内部运营体系,包括:展前筹备、展中服务、到展后数据整合,还需要再完善营销流程,策划档期,建立系统运维体系,以及培训专业技术运营团队。每项工作具体如下。

（1）展会运营流程策划,贯穿展前、展中和展后全流程,涵盖环博会云展览展商招募、观众引流、行为数据监测、在线即时通信、商务洽谈管理以及展后数据分析、在营销管理等。

（2）展会档期策划,主办方可结合展会的特点,进行365天持续运营,或打造自己的"造物节",创造自己的流量高峰。通过展会档期的策划,同步参展商和采购商的互动、交流、洽谈行为,提升展览在用户认知中的印象,增强用户黏度。

（3）系统运维,环博会云展览是通过软件和技术工具搭建虚拟场景,需要有强有力的技术服务作保障,通过每日检查、定期维护、预防性维护等措施,保障系统稳定、流畅、安全地运行。

（4）团队培训,不断优化运营团队的运营思路、运营方式、服务意识、服务能力、团队合作等方面,只有新思维、新工具、新玩法才能赢得用户。

3. 制订运营计划

环博会云展览的运营计划,同样也是围绕着展商和观众的参展旅程展开,覆盖展前、展中和展后全流程。在展前筹备计划中,主要考虑环博会云展览整体规划、线上技术服务商管理、电子展位管理、营销引流计划、展商招募计划、展商与观众线上浏览指引、线上运营培训等;展中运营计划,主要包括观众引流、直播活动管理、商务洽谈管理、在线日程管理、即时通信、行为数据监测、日常的客服以及系统运维和安全监测等;展后运营计划的重点是,基于数据洞察形成展会报告、营销数据分析和二次营销计划。

4. 自建或共建建设模式选择

虚拟展览的先行者勇敢试水,自建线上虚拟展会,或者与会展科技平台合作共建线上虚拟展会。原有在线下办展的经验不再适用,所以如果环博会云展览的主办方独自运营线上展会,将会面临着不小的挑战。相比较而言,选择合作伙伴共同创建环博会云展览是一种更稳妥的选择。共同办展就可以实现业务运营和系统平台运营分离,由主办方提供品牌、知识产权、初始资本方面的投入,由技术方提供软件知识产权、研发技术投入,双方形成优势互补、收益分成、风险共担。

第八节　环保功能展

在国内目前没有环博会云展览的先例,虚拟展馆构架可以参考现场环博会的设计。专题环保特色展厅以往届相关环保技术博览会的作为借鉴。

一、水专题会展

以 2021(第十六届)青岛国际水大会为例。

1. 概况

多年以来,青岛国际水大会在推动我国"治水""管水"相关产业科技创新、促进相关领域"产、学、研、用"进行深入探讨、提升水行业健康发展等方面取得了丰硕的成果,产生了良好的社会效益、经济效益,形成了显著的国际影响力。一年一次的青岛国际水大会水治理业界已有很大的影响力和知名度,已经成为整个亚太地区知名国际会议品牌之一。

2021(第十六届)青岛国际水大会旨在打造关于水资源、水环境、水生态、水安全的综合、开放、专业的交流平台,促进中国与世界其他国家水处理产业的发展。大会分为 10 大主题板块, 50 多个专题分会场, 450 多个权威专业报告,同期 20 000 m² 展览, 600 多家展商, 15 000 多名专业买家到场。300 多家材料、元部件供应商进行了产品推介和供需对接, 500 多家领军企业也完成了 2021 年的采购。

2. 流程

2021(第十六届)青岛国际水大会流程一共分为几项内容,分别为:开幕仪式、主题报告、综合报告、专题分会场、签约仪式、商务对接、成果转让、产品展示、交易洽谈、参观考察等环节。

3. 参与各方

(1)2021(第十六届)青岛国际水大会聚集了来自 50 多个国家的 2 600 多位水处理行业领军人物、专家及资深人士。

(2)300 多位重量级嘉宾进行宣讲,共谋应对全球水资源危机下的环保产业商机及技术发展战略。

(3)1 500 余家参展和采购企业。

(4)100 多个科研院所和高校到场。

(5)国家及地方主管水资源、水环境、节水和水处理工作的领导。

(6)全球脱盐及相关领域的专家、学者、科研人员和企业家。

(7)国际水协会、中国水利企业协会脱盐分会、中国金属学会、山东省水生态文明促进会、欧洲脱盐学会等其他协会、团体组织的会员代表。

(8)国内外水处理公司工程技术人员和水务公司、投资商、企业家、科研院所、用户、新闻机构的代表等。

图 6-13　2021(第十六届)青岛国际水大会现场概况

4. 展品范围

1)污水/废水处

海水淡化、工业废水、城市生活污水处理产品及设备等;污泥、油水分离、气浮、电解处理、曝气、厌氧处理装置、活性炭、消毒杀菌、蒸发结晶、水处理成套设备等。

2)膜技术与应用

EDI、MBR、DTRO 膜、STRO 膜、微滤膜、超滤膜、纳滤膜、反渗透膜、陶瓷膜、膜壳、制膜设备、卷膜设备、膜组件等;工业滤芯、滤料、树脂、过滤器、水处理药剂等相关产品。

3)流体自动化与设备

泵、阀门、密封件及管材、管件、管网检测设施等;自动控制系统与设备等。

4)智慧水务

智慧水务管理运维平台及软件、市政供排水系统、二次供水、管网漏损等;环境监测、仪器仪表、传感器技术及产品等。

5)水环境治理/水生态修复

河湖治理、黑臭水体治理、流域水环境治理等;人工湿地、村镇水生态、生态修复技术与装备等。

5. 展馆展厅展台设计

2021(第十六届)青岛国际水大会在青岛西海岸新区开幕,在青岛银沙滩温德姆至尊酒店举办,依照酒店原来的会议厅进行合理安排和设计。

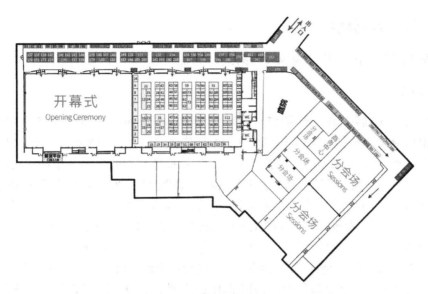

图 6-14　2021(第十六届)青岛国际水大会会场布局

2021(第十六届)青岛国际水大会一共这有三种展位。

1)A 区特级展位

展台搭建限高 3.5 m,由参展商自行搭建。

2)B 区豪华展位

加高造型,一张接待桌,一张洽谈桌,四把椅子,中英文公司楣板,射灯二支,电源插座,展位地毯;2 m×3 m,限高 2.5 m。

3)C 区普通展位

加高造型,一张展桌,两把椅子,中英文公司楣板,射灯二支,220 V 电源插座。后面背板尺寸为:宽 3 m× 高 2.5 m,两侧背板为:宽 2 m× 高 2.5 m。

图 6-15　2021(第十六届)青岛国际水大会展台搭建

二、大气专题会展

以第 15 届广州国际空净新风展为例。

1. 概况

2021 年第 15 届中国广州国际空气净化及新风系统展览会于 2021 年 5 月 25—27 日在中国进出口商品交易会展馆(广交会展馆)A 区盛大启幕。同期举办第十五届中国广州国际环保产业博览会,强强联动,共享资源。本次会展共 53 000 平展览面积,吸引了来自 20 多个国家和地区的 850 多家知名企业来到现场展示新产品、新技术、新工艺,组织了 40 多个学术论坛,共 45 000 余名专业观众前来观展采购。本次展览实现了品牌推广、产销对接、贸易洽谈的有机结合,为国内外空气净化全产业链的融合与发展构筑了交流交易、品牌提升的专业平台,促进国际技术交流和贸易,推广我国空净企业的国际影响。

本次展会最大特色是:全面资源整合,实现行业上游+下游互动,线上+线下联动,达成空净新风行业全产业链交流平台。特别推出微信、易企秀、抖音、百家号、一点号、头条号等多平台宣传,为展商提供新技术、新产品无间断展示,多次数曝光,形成线上线下的互动效应,邀约意向客户,精准定位 B2B 平台推广。直面流量池专业用户粉丝,对最专业的观众用户群体,每月推送多重"观展"福利,确保意向买家第一时间知悉展会进程,将线上活动效应延伸至线下展览现场。

图 6-16　第 15 届广州国际空净新风展现场概况

2. 流程

厂商入馆布展、客商入场参观、专业论坛、品牌服务、产销对接、贸易洽谈、网络直播、线上线下采购订货等

3. 参与各方

展会邀请了国内外60名权威专家与著名学者进行论坛交流,分享空净技术领域最新的成果,设置了专家学者与会议代表互动交流环节,参展企业就新研发产品、设备、技术做推荐演讲,嘉宾现场互动点评,直面代理商及终端采购商。

图6-17　第15届广州国际空净新风展线下接洽环节

海内外200多家大众媒体强势宣传,涉及报纸、电视台、互联网、移动媒体、杂志,户外媒体等,100多家专业媒体、行业网站对大会也进行了深度报道。

与国外相关机构、驻华使馆、国外相关协会/学会等通力合作,组织海内外采购商赴会参观。

在国内外大型展览会、学术会议、洽谈会上对展会进行推介,广泛招商。

邀请行业高端客户共同参与相关高峰论坛、采购对接会、经销商联谊会等。

市政团体用户:各省、市、环保局、教育局、城建局、建委、卫生局、环境机构和监测部门、协会、学会。

国内外买家:泛珠经济圈内政府采购中心、市政建设部门、科研机构、设计单位、房地产开发商、建材经销商、建筑工程公司、医院、酒店、商超、学校、银行、机场、地铁、体育中心、演艺中心、KTV、展馆等。

工业用户:电力、石油、化工、钢铁、机械、汽车、船舶、电子、电镀、涂装、陶瓷、家具、建材、皮革、水泥、塑料、橡胶、纺织、印染、造纸、印刷、生物、制药等行业。

国内外买家:制造商、经销商、代理商、进出口贸易公司等。

其他:外国驻华使领馆及商务机构、报纸、杂志、电视、网站、业内人士等。

4. 展品范围

1）空气净化产品

空气净化器（家用及商用）、过滤器、交换机；氧气机、杀菌除臭机、空气飘香机、负离子／氧气发生器、净化吸尘器、甲醛消除机、室内污染防治产品，油烟净化器；空调及风道清洗设备。

2）换气式净化产品

壁挂式新风系统，独立新风系统，中央新风系统、空气净化净化设备，通风设备、排气扇、空气幕。

3）室内空气污染治理产品及方案

纳米矿晶、甲醛、氨、苯、TVOC 等清除剂、净化液；微生物、光触媒、活性炭、竹炭、除味剂、清洁药剂等，硅藻泥等，植物负离子产品。

4）空气净化配套产品

滤材、滤料、滤网、风机、紫外线杀菌灯、高压静电网，净化机外壳。检测仪器：$PM_{2.5}$、甲醛、苯、TVOC、粉尘等检测仪，温湿度、采样器、粒子计数器、风量罩、传感器等。

5）净水设备

商用/家用净水器、中央净水系统、软水机、纯水机、活水机、净水机楼宇分质供水设备、纳滤/超滤水机、净水设备配件。

6）其他

检测认证机构、重点实验室、科研院校、治理单位、新产品技术、新成果转化等六大类。

5. 展馆展厅展台设计

中国进出口商品交易会展馆（简称广交会展馆）位于于中国广州琶洲岛，展馆现有建筑面积 110 万平方米，其中：室内展览面积 37.49 万 m^2，室外展览面积 8.93 万 m^2。

超高展示空间：A 区首层展厅净高 13 米，二层展厅净高 8.89~19 m。

超阔无柱展厅：A 区二层 5 个 1 万 m^2 的展厅，均为无柱空间。

超强承重能力：全馆首层展厅每平方米设计荷重能力高达 5 t。

展厅随意分合：展厅南北双向均有开放式进出口，东西向有连廊，既可连成一体又可独立办展。

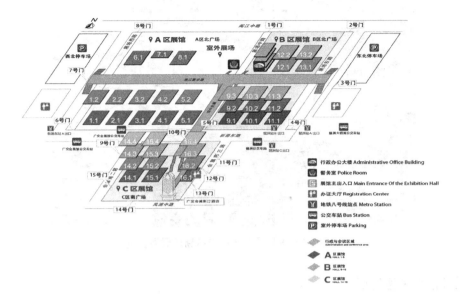

图 6-18　广交会展馆布局

图 6-19　广交会展馆设计

本次大会共有三种展台。

豪华展位配置：9 m×9 m、地毯、楣板、灯箱、一桌四椅、咨询台一张、射灯两盏、垃圾篓一个、插座一个。

标准展位配置：3 m×3 m、围板、楣板、一桌二椅、二支日光灯、纸篓、一个电插（3 A）。

光地展位（特展展位）：主办单位只提供光地，不提供任何展具。参展商可自行或委托特装施工单位在光地展位上搭建自行设计的展台。

图 6-20　第 15 届广州国际空净新风展展台设计

三、固废专题会展

以 2021 年郑州砂石展为例。

1. 概况

2021 中国(郑州)国际砂石及尾矿与建筑固废处理技术展览会于 2021 年 6 月 9—11 日在郑州国际会展中心圆满举办。本次郑州砂石展通过专题报告、高峰论坛、展览展示、现场洽谈等多种方式,交流砂石矿山设备创新发展、应用实践、发展方向等内容,深入解读砂石矿山绿色发展新要求,剖析矿山建设最新发展动态,借鉴其他行业发展经验,全方位探讨砂石产业链融合进程,解决砂石骨料企业投融资困惑,实现多方共赢。

本次郑州砂石展展览总面积达到 20 000 m²,参展企业达到 200 多家,观众累积达30 000 余名。展会规模、展会层次、展会成效等各项指标在国内同行业展会中趋于前列,是国内砂石及建筑固废处理行业企业品牌展示、产品推介、贸易洽谈的首选平台。

图 6-21　2021 年郑州砂石展开幕式

2. 流程

6月16日	09:30—10:10	2022中国（郑州）国际砂石展开幕式
	10:10—12:00	领导嘉宾巡馆
	13:30—16:45	2022中国绿色智能矿山建设高峰论坛（一）
	19:00—21:00	答谢晚宴
6月17日	09:30—12:00	2022中国绿色智能矿山建设高峰论坛（二）
	13:30—15:00	全国建筑固废利用技术高峰论坛
	15:00—16:45	重大矿山资源项目推介会+现场交流会
6月18日	08:30—12:00	参观5G智能绿色矿山项目

图 6-22 2021 年郑州砂石展大会流程

3. 展品范围

（1）制砂设备：制砂机、洗砂机、破碎机、振动筛、振动给料机等。

（2）破碎设备：复合式破碎机、旋回式破碎机、圆锥式破碎机、冲击式破碎机、反击式破碎机、辊式破碎机、锤式破碎机、颚式破碎机、破碎锤、碎石机、碎石生产线、制砂生产线、新型破碎机。

（3）建筑垃圾处理设备：移动破碎站、建筑垃圾破碎机、建筑垃圾粉碎机、履带式移动破碎站、轮胎式移动破碎站、固定式建筑垃圾处理设备、建筑垃圾制砖机等建筑垃圾处理设备及解决方案。

（4）给料筛分设备：圆振动筛、直线振动筛、震动给料机、叶轮式给料机、圆盘式给料机、往复式给料机、波动辊式给料机、筛分喂料机、板式喂料机等新型给料筛分设备。

（5）配套及周边：焊条、齿板、边护板、衬板、耐磨件、齿轮、轴承、减速机、球磨机、棒磨机衬板、磨粉机配件、动颚、偏心轴、机架等备件、圆锥破备件、机械设备备件、破碎锤配件。

（6）开采运输设备：挖掘机、掘进机、凿岩设备、钻孔机、抓岩机、矿用电铲、风镐、装载机、推土机、铲运机、翻斗车、叉车、矿用自卸汽车等。

（7）环保技术设备：除尘装置、通风设备、降噪设备、污水泥浆处理设备、固液分离设备等矿山节能环保设备及相关解决方案。

（8）生态与综合利用：废弃矿山生态修复，尾矿处理，建筑固体废物处置再生利用技术与装备。

（9）其他砂石骨料技术、辅助机械设备及相关矿业服务机构，勘察院、规划设计院等；大型矿山企业形象展示、矿山规划、工程设计、施工建设单位、矿权交易、矿权投融资合作与行业机构等。

4. 参与各方

公路交通、轨道交通、桥梁工程、水利工程、市政工程、建筑公司、房地产开发、采石场、矿业公司、中铁建、勘察设计院、贸易商、经销商等。

省市协会组团:河南、陕西、贵州、重庆、安徽、河北、上海等全国各省市行业协会。

优质客源到展会现场进行参观、交流与采购。

借助产业结构升级、助力中西部地区行业发展与节能环保,重点邀请中西部地区的砂石开采与生产商、矿山开发商。

省、市有关部门人员、各级砂石协会会员单位及专家学者。

矿山和砂石骨料生产、固废利用及修复、大型基建工程施工方等。

砂石骨料行业相关研究检测机构,国土、环保、建筑等领域专家。

砂石骨料再生生产企业,装备企业,新型城市建设等相关人员。

矿山开采、混凝土生产、基建施工等砂石骨料上下游产业链相关人员。

5. 展馆展厅展台设计

郑州国际会展中心是集会议会展、商务活动、餐饮、娱乐演出和旅游观光为一体的场馆,是郑州市的地标性建筑之一。建筑面积 22.68 万 m²,其设施包括会议中心、展览中心、1.7 万 m² 的室外展场及 4.5 万 m² 的室外停车场。会议中心建筑面积 6.08 万 m²,主体建筑六层。由 30 个大中小型会议室组成。展览中心 1 号展馆 3.3 万 m²,1 772 个标准展位,净高 14 m;2 号展馆 3.2 万 m²,1 622 个标准展位,净高 17.6 m;三层连廊(240 m × 26 m),室外展场 3.8 万 m²。

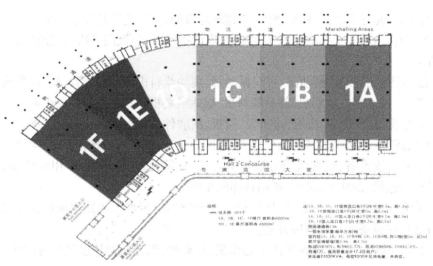

图 6-23　郑州国际会展中心展馆示意

图 6-24　郑州国际会展中心展馆设计

三种展位如下。

1）标准展位

3 m×3 m=9 m²，2.5 m 高壁板、楣牌制作、9 m² 地毯、洽谈桌一张、两把椅子、220 V（5 A）电源插座一个、日光灯两支。

2）豪华展位

3 m 高壁板、楣牌制作、18 m² 地毯、洽谈桌一张、两把椅子、220 V（5 A）电源插座一个、日光灯两支。

3）室内外光地（36 m² 起租）

室内空地由参展商自行搭建和装修。

图 6-25　2021 年郑州砂石展展台设计

四、土壤修复专题会展

以 2021 年第 22 届 IE expo 中国环博会——土壤与地下水环境修复展览会为例。

1. 概况

作为中国环博会的重要组成部分，土壤与地下水修复论坛暨展览会于 2021 年 4 月

20—22 日在上海新国际博览中心隆重举行。本届展会将为全球土壤与地下水修复行业人士搭建交流平台获取信息,为土壤与地下水修复提供处理技术与解决方案。展会同期还将举办 2021 中国环境技术大会及中国环博会高峰论坛,百余名业内专家全程参与 200 多场专业会议论坛,致力于打造一个政、产、学、研一站式环境技术交流平台,本次展览共有 17 个展示场馆,18 万 ㎡ 展示面积,吸引了近 2 400 家优质展商,10 万名专业观众来到现场进行交流和合作。

图 6-26　2021 年第 22 届 IE expo 中国环博会现场概况

2. 流程

中国环博会——土壤与地下水修复展延续了"展+会"模式,广邀海内外相关行业、企业、部门专业人士参与论坛,展览现场参展商进行推介宣讲,观展方进行咨询和采购。本届中国环博会——土壤修复论坛暨展览会推出"参观团""互动沙龙""贵宾晚宴"等配套活动,加强参与人员的互动交流。

3. 参与各方

(1)生态环境部、住建部、国家发改委、水利部等政策制定部门。

(2)中科院、中国环境研究院、同济大学、清华大学等科研院所。

(3)欧洲水协、世界水环境联盟、德国水、污水和废弃物处理协会、国际固体废弃物协会、德国市政环卫车辆和设备工业协会、中国水协等国际权威组织及领先技术企业。

(4)石油/化工、冶金钢铁/矿产/地质、造纸/印染/电镀、科研院所/学校、各地国土主管部门、房地产开发/园林开发、各地环境监测系统、工业园区业主单位、农业开发/建设单位、第三方检测企业。

4. 展品范围

场地与土壤修复技术与设备、土壤修复功能材料（药剂）、土壤修复技术与装备、土壤检测分析设备、土壤修复过程监测和服务、农田修复、土壤改良、土壤调理剂、污染地下水处理、矿山修复和喷播设备、土壤检测与监测设备、分析和实验室技术、实验室设备、测量仪器、分析实验室、激光光谱学、放射性测量、X 射线荧光光谱（水、土、气、固废）环境检测仪器

5. 展馆设计

上海新国际博览中心（SNIEC）是中国最成功展览中心之一，目前有 17 个单层无柱式展厅，室内展览面积 200 000 m²，室外展览面积 100 000 m²。先进而实用的展馆设施，以及专业的服务品质，已成为促进国内外经济往来的重大国际展会平台之一。

图 6-27　上海新国际博览中心展馆设计

两种展台设计如下。

1）标准展位

最小 12 m²。

2）光地展位

最小 36 m² 起租。

图 6-28　上海新国际博览中心展台设计

五、环境监测专题会展

以 2020 武汉国际环境监测仪器展览会为例。

1. 概况

"2020 武汉国际环境监测仪器展"（简称 EMME）于 2020 年 11 月 4—6 日在中国武汉国际博览中心举行。本届展会紧密跟随国家政策要求,行业发展现状和需求进行充分调研,通过技术研讨、产品展示、产销接洽、产学研对接、需求配套等活动,为用户、企业、研究机构和贸易团体提供一个广阔的交流平台,共谋环保行业发展。本次展览展出面积近 20 000 m²，300 余家国内外企业参展。来自环保公司、市政、水务、设计院、规划院、科研院所、污水处理厂、工业用户、施工单位及代理商、经销商等近 20 000 人次观众参观了展会。同期举办了"2020 年湖北省环境科学学会年会暨生态环境产业发展高峰论坛"，10 余位业界专家作主题演讲,围绕环境监测前沿科技研究和成果等展开学术研讨交流。

图 6-29　2020 武汉国际环境监测仪器展现场概况

2. 流程

（1）2021 年湖北省环境科学学会年会。

（2）2021 生态环境产业发展高端论坛。

（3）2021 环境监测创新技术论坛。

（4）2021 大气污染治理与监测技术研讨会。

（5）顾问单位/专家顾问授牌仪式。

（6）新产品推介会。

（7）2021武汉国际环保产业博览会。

3. 参与方

政府主管部门：发改委、经信委、生态环境局、卫生局、城建局、规划局、市政建设管委会、农林局、水务（利）局、城管局、市容环卫局、旅游局、防疫站、疾控中心、畜牧局、园林绿化等。

公共事业部门：环境监测中心（站）、环境监察总队、辐射环境监督站、固废中心、市政工程单位、城投城建、垃圾处理厂（站）、堆肥厂、垃圾发电厂、环卫公司、环卫处、水务集团、自来水公司、供排水公司、污水处理厂、水务投资公司、环境投资公司。

工业用户：石油、天然气、化工、电力、生物、制药、电子、涂料、印染、电镀、表面处理、屠宰、养殖、制糖、食品、饮料、酿酒、造纸、钢铁、冶金、水泥、玻璃、煤炭、矿业、船舶、装备制造等。

农业单位：农业农村部门、农业环境监测站、农场、合作社、畜牧养殖、农作物种养、农副产品加工。

经销贸易商：环境监测行业制造企业、经销商、代理商、进出口贸易公司、环境工程公司、项目投资方等。

科研院所：设计院、科研单位、环科院（所）、高校、实验室、协（学）会、专家学者等。

终端业主：城建业主单位、房地产开发商、各大型餐饮企业、酒店、餐厅、咖啡厅、商场、超市、便利店、医院、学校、宾馆、部队、公园、度假村、商务楼、建筑、建材、地暖、工程建设、设备安装公司、装修公司、工业园区等相关行业负责单位的领导和工程技术人员。

其他：驻华使馆商务处、境外在华贸易机构、社会团体、银行金融、风险投资家、报纸、杂志、电视、网络等新闻媒体代表。

4. 展品范围

水质分析：卡尔费休水分/总磷测定仪、红外测油仪、水质分析仪、溶解氧测定仪/溶氧仪、COD/BOD/TOC/总有机碳测定仪、水毒性分析仪/监测仪、菌落计数器、水质采样器、氨氮测定仪、测定仪、污泥检测仪、大肠杆菌测定仪、总氮测定仪、悬浮物/离子检测仪、磷硅酸根监测、水质在线自动监测及分析系统、藻类计数仪/监测仪、余氯测定仪、水文监测、流量计、流速仪、其他水分析/监测仪等。

土壤分析：土壤硬度计、粉尘仪、土壤湿度记录仪、土壤盐度分析计、土壤水分测量仪/速测仪/测试仪、土壤类仪器、土壤酸度计、土壤采样器、土壤碳通量、土壤性状测定仪、土壤养分测试仪、水土保持监测、土壤污染检测、污染场地土壤分析仪器设备、其他土壤分析仪器。

气体检测：采样设备、氧气/二氧化碳/单一气体/有毒气体/磷化氢气体/泵吸式气体/甲烷气体/复合气体/可燃气体/甲醛检测仪、卤素检漏仪、呼吸性粉尘采样器、便携式气体检测仪、气溶胶、粉尘测定仪、颗粒物（PM2.5）采样器、红外气体/尾气检测仪、在线自动监测及分析系统、空气/大气采样器、烟气/尘量/氨气/臭氧/甲醛分析仪、烟气浓度计、气体稀释仪、粒子计数器、微生物采样器、空气检测仪/气体浓度计、酸雨/烟气/粉尘采/烟尘采样器、TVOC、空气质量/废气监测仪器、VOCs在线监测、机动车尾气排放移动监测系统。

应急/便携/车载:GPS定位仪、简易快速检测管、监测车、报警装置、应急/便携/车载等。

其他环境监测:污染源排放检测、高空瞭望监测、IC刷卡排污总量监测、扬尘噪声监测、给排水管网检测、事故预警系统、生态监测、固废检测分析、放射性、光、热测定仪和连续自动监测系统、紫外线照度计、数字照度计、光谱仪、分光辐射照度计、场强计、磁场测量仪器、测量仪、振动噪声分析仪、环境监测专用仪器、照度计、气体探测器、通信传输仪器、智慧感知技术及设备、物联网和通信技术及设备等。

环境服务机构:生态保护、环保业务咨询、环境检测机构、项目运维监管、环境调查与风险评估、环保管家式服务、环境清洁与工业清洗服务、数据处理/审核/融资机构、监测分析所用的标准物质、化学试剂及玻璃器皿等实验用器材、分析实验室、教育和科研机构等。

5. 展馆展厅展台设计

武汉国际博览中心展馆总建筑面积约45.7万m²,室内展览面积为15 m²,室外为4万m²,可提供约6 880个国际标准展位。展馆内部采用无柱设计,室内净高达17.5 m,最大可提供6.5万m²连续展览面积。作为国内领先、国际一流的会展场馆和华中地区最大的综合性博览城,可承接国际国内大型展览、会议和活动。

图6-30　武汉国际博览中心展馆

两种展位设计如下。

1)标准展位

3 m×3 m(含三面围板高2.5 m、洽谈桌一张、折椅两把、射灯两盏、中英文楣板)。

2)室内空地

光地36 m²起租,不含任何设施,参展商需自行设计、装修。

第七章　项目整体展望

基于虚拟现实技术下的环博会云展览应用构建将推动会展业向"线上+线下"融合的方向发展,将助力国内环保行业的国际化发展,为我国环保事业的发展注入新的动力。

一、后疫情期最理想的形式之一

自新冠肺炎疫情发生至今,会展行业经历了大洗礼,这对会展业来说既是一次严峻的挑战,也是一次难得的机遇。为积极响应国家号召,配合疫情防控工作,全国各地的大型展览活动纷纷延期甚至取消。展会停摆,对于各行各业都产生了严重影响。这场突如其来的疫情,也让人们意识到了现场展会的困境,不得不思考对策和出路,于是,"云展厅""云招商""云签约""大数据"成为大家关注的焦点。"云展览"可以避免接触性聚集,突破疫情的限制,和国内外买家面对面交流贸易。如今各行各业都开始尝试"云展览",而国内对环博会云展览还在尝试阶段,接下来在疫情防控常态化的情况下,环博会将加快由线下到线上的转型升级,环博会云展览将成为后疫情时期会展业最理想的形式之一。

二、弥补现场展会的不足,与现场展会并驾齐驱

传统现场展会从招募展商,选择采购商并发邀请函,展会现场装修布置,现场人工签到,展会现场维持——备展 2~3 个月,开展 2~3 天,这样的高成本投入确实让组展、参展和观展各方头疼。虚拟会展用已经较为成熟的建展流程和"云展厅"建模技术,为组展方和参展方节省了大量时间和精力,观展方也省去大量路途上的时间和开销。虚拟站柜大大压缩了备展时间,还能实现 365 天 24 小时无间断展览。线下现场展会每举办一场,将会产生巨量的建筑和生活垃圾,造成资源的严重浪费,线上展会很好地解决这个问题。与现场展会的信息集散相比,虚拟会展的信息容量更大,信息的即时性更强,信息更具持久性,信息交流的范围更广,交互性也更强,能够传递的信息格式更多。

由于虚拟展会所具有优势,如今很多大型展会在现场展会能顺利举办的情况下,也选择虚拟展会作为有益补充,扩大展会影响范围,打造"线上+线下"的展会模式。"云展览"将与传统现场展会并驾齐驱,成为会展业的重要组成部分。

三、环境保护的紧迫性让环博会必须升级

环境污染和生态恶化已经严重影响了我们的日常生活,全世界都愈加重视环境保护。国内环博会的数量在不断增加,环博会在国际级、国家级、省市级都在进行不断探索,各种主题专题环保展涌现,环保展的形式也在不断丰富,开始采用线上直播的方式扩大环博会影响力,"云展览"迫在眉睫。其他行业已经有了较为成熟的经验,环博会也该奋起直追,利用"云展览"的形式,扩大影响力,加大对环保观念的宣传,促进形成政府+企业+群众的环保事业发展模式。

四、加速推动环博会品牌化和国际化

在环保业内要打造一个品牌展会可能要经历 5~10 年的积淀,走向国际化更是一个漫长的修炼进程。虚拟会展本身利用互联网打破时空格局的优势,在国际化的建设中具有先天的基因。中国会展行业的国际化也将带动中国环保行业走向国际,为环保业打开国际市场。

参 考 文 献

[1] 吴成浩. VR/AR 技术在八大山人数字博物馆的运用研究[D]. 南昌：南昌大学,2018.
[2] 严兴祥. 地级市智慧环保平台建设的思路和体会[J]. 信息系统工程,2016(5):20-35.
[3] 朱润. 多感官设计在数字博物馆中的应用[D]. 北京：北京印刷学院,2011.
[4] 唐国纯. 环保云的体系结构及关键技术研究[J]. 软件,2014,35(1):101-103.
[5] 姚鑫,邹华,林荣恒. 融合网络的分布式虚拟化组网系统的设计与实现[J]. 软件，2012,
     33(11):25-30.
[6] 朱近之. 智慧的云计算物联网的平台[M]. 北京：电子工业出版社,2012.
[7] 朱贝宁. 基于虚拟现实技术的傣陶艺术数字展示设计应用研究[D]. 昆明：云南师范大
     学,2018.
[8] 郑霞. 数字博物馆研究[M]. 杭州：浙江大学出版社,2016.
[9] 朱志超. 虚拟现实展示设计的应用研究出[D]. 西安：西安理工大学,2007.
[10] 王亚东. 虚拟现实技术在当代展示设计中的应用[J]. 科学中国人,2010(12):112.
[11] 王燕妮. 数字化展示设计研究[D]. 成都：西南交通大学,2006.
[12] 田茵. 基于虚拟现实的三维产品展示[J]. 计算机教育,2009(6):119-123.
[13] 魏巍. 虚拟展示设计研究[D]. 济南：山东轻工业学院,2009.
[14] 安维华. 虚拟现实技术及其应用[M]. 北京：清华大学出版社,2014.
[15] 耿卫东. 三维游戏引擎设计与实现[M]. 杭州：浙江大学出版社,2008.
[16] 王健美,张旭,王勇,等. 美国虚拟现实技术发展现状、政策及对我国的启示[J]. 科技管
     理研究,2010,30(14):37-40.
[17] 许鹏. 新媒体艺术论[M]. 北京：高等教育出版社,2006.
[18] 李博闻. 基于云计算的网页操作系统的设计与实现[D]. 武汉：华中科技大学,2012.
[19] 江晓庆. 未来新型计算模式-云计算[J]. 计算机与数字工程,2009(10):46-50.
[20] 张先锋,邹蕾. 云计算技术及其应用研究[J]. 计算机与数字工程,2011(39):194-197.
[21] 陈梦娇. 基于云平台的远程环保在线监测系统研究及实现[D]. 北京：北方工业大学,
     2018.
[22] 尹嘉奇. 四川省环保云平台设计研究[J]. 科技创新导报,2017,14(18):118-119.
[23] 李巍. 虚拟现实技术的分类及应用[J]. 无线互联科技,2018,15(8):138-139.
[24] 薛莹莹. 虚拟现实技术在数字博物馆中的应用[J]. 河南科技,2014(7):13-14.
[25] 李智. 虚拟现实技术在数字博物馆中应用探究[D]. 重庆：重庆大学艺术学院,2017.
[26] 胡雁. 云南环保云平台分析与建设[J]. 数字技术与应用,2017(6):185-186.
[27] 赵艳辉. 数字博物馆及其通用建设平台的研究[D]. 广州：华南师范大学,2010.
[28] 刘婷,张爱丽. 环境监测现状和发展趋势探讨[J]. 绿色科技,2012(6):156-157.
[29] 柯瑞荣,李少恒. 云平台助力智慧环保[J]. 中国环境管理,2013(4):22-25.

[30]　陆雪山. 商品交易博览会网络会展平台的设计与实现[D]. 郑州:河南农业大学,2016.

[31]　CULLY B, LEFEBVRE G, MEYER D T, et al. Remus: high availability via asynchronous virtual machine replication[C]//Proceedings of the 5th USENIX Symposium on Networked Systems Design and Implementation (NSDI'05). USENIX Association, 2008: 161-174.

[32]　WOLF W. Cyber-physical systems[J]. Computer,2009,42(3): 88-89.

[33]　HAND C, SKIPPER M. A virtual trade exhibition[J].Computer mediated communication magazine,1995(2):5.